National Competency Standards **NCS**

http://www.ncs.go.kr

메 이 크 업 직 무 능 력 표 준 학 습 모 듈

기초 **메이크업** 실습서

김유정 · 이강미 저

구민사

머리말 PREFACE

메이크업 현장에서 필요로 하는 현장실무 내용 중 NCS를 기반으로 가장 기본이 되는 이론과 기초 메이크업 실습 내용으로 다뤄 정리하였다.

NCS기반 강의계획서에서 평가결과서에 이르기까지 필요 이론과 실습을 체계적으로 정리해 놓았으며, 한류열풍과 개인의 이바지 관리에 없어서는 안될 가시적인 효과가 큰 분야의 메이크업이 국가자격증으로 시행되는 첫 해에 의미를 두어 기초편과 응용편을 계획하여 다루려 했다.

여러 해, 올해에도 시행하고 정착되어 운영하기까지 문제점 있는 기간, 아낌없는 지원과 이 책의 출판을 위해 적극적으로 후원해 주신 도서출판 구민사 조규백 대표님과 직원 여러분께 깊은 감사를 드린다.

저자 씀

차례
CONTENTS

기초 **메이크업** 실습서

[20 학년도 학기]

NCS기반 강의계획서

직무	능력단위	능력단위코드
03. 메이크업	기본 메이크업	1201010303_14v2

교과목명	기초메이크업실무		이수구분	전선	담당교수	
대상학과	1	학년-학기 1-1	학점	3	시수(이론/실습)	3(1/2)

교과목 개 요	메이크업사로서 고객의 아름다움의 욕구를 충족하기 위한 메이크업서비스로 산업현장에서 기본이 되는 기본메이크업을 학습한다. 또한 이에 필요한 방법을 익히고 실습한다.
교 육 목 표	기본 메이크업은 개발된 메이크업이미지 구현을 위해 고객의 얼굴 특성, 이미지 등과 조화를 이루는 베이스, 아이, 아이브로우, 립&치크 메이크업에서 마무리 스타일링까지 실행할 수 있는 능력이다.

교수·학습 방법

a	b	c	d	e	f	g	h
0	0						

a. 이론강의 b. 실습 c. 발표 d. 토론 e. 팀프로젝트 f. 캡스톤디자인
g. 포트폴리오(학습자/교수자) h. 기타

기자재 및 매체	빔프로젝트, 경대, 의자 등

교 재 (NCS 학습모듈)

주교재	구민사 베이직 메이크업(이강미, 김유정)
부교재	기초메이크업실습서
참고 교재	

평가방법

A	B	C	D	E	F	G	H	I	J	K	L	M
0											0	

A. 포트폴리오, B. 문제해결시나리오, C.서술형, D. 논술형시험,
E. 사례연구, F. 평가자 질문, G. 평가자, H. 피평가자 체크리스트,
I. 일지/저널, J. 역할연기, K. 구두발표, L.작업장 평가, M. 기타
※ 세부내용은 평가계획서에 기술됨.

성적분포	시험 난이도를 적정수준으로 조합하여 평가 A : 20%, L : 60%, 출석 : 20%
기타사항	[장애학생 지원방법] [기타사항]

관련 능력단위요소	수행준거	지식 · 기술 · 태도
베이스 메이크업 하기 (1201010303_14v2.02)	2.1. 피부상태, 디자인 등에 다른 메이크업 제형, 색상을 선택할 수 있다. 2.2. 얼굴형태, 피부색 등을 고려하여 자연스러운 피부표현을 할 수 있다. 2.3. 피부의 추가적인 결점 보완을 위한 제품을 선택할 수 있다. 2.4. 얼굴형태, 피부상태에 따른 윤곽 수정 제품을 사용할 수 있다.	[지식] • 베이스메이크업 제품에 대한 지식 • 색채에 대한 지식 • 얼굴 골격에 기초 지식 • 파운데이션 제형 등에 따른 특성 • 피부 유형별 화장품의 종류 • 피부에 대한 기초지식 [기술] • 기초제품 활용 기술(밀착력, 핸들링 등) • 베이스제품 활용 기술 • 베이스제품의 질감, 컬러 등의 표현 기술 • 제품 활용 기술 • 피부표현 메이크업 기법 [태도] • 고객의 피부상태진단을 세심한 태도 • 베이스제품별 특성을 정확하게 구분하는 태도 • 피부상태진단에 필요한 도구관리 · 유지 태도
아이 메이크업 하기 (1201010303_14v2.03)	3.1. 재료의 특성에 따른 질감, 발색, 밀착성, 발림성 등을 구분 · 선택할 수 있다. 3.2. 메이크업목적, 디자인 등을 반영하여 아이새도우을 표현할 수 있다. 3.3. 메이크업목적, 디자인과 조화로운 아이라인을 표현할 수 있다. 3.4. 아이 메이크업 디자인과 조화되는 마스카라 제품을 활용할 수 있다. 3.5. 속눈썹 표현을 위하여 제품을 가공하여 표현할 수 있다.	[지식] • 눈 생김새별 이미지 표현 지식 • 아이메이크업 컬러에 대한 지식 • 아이메이크업 트렌드 [기술] • 눈의 형태에 따른 마스카라 테크닉 • 눈의 형태에 따른 아이라이너 테크닉 • 눈의 형태에 따른 아이새도우 테크닉 • 눈의 형태와 목적에 따른 속눈썹 선택, 수정, 테크닉

관련 능력단위요소	수행준거	지식 · 기술 · 태도
아이 메이크업 하기 (1201010303_14v2.03)		[태도] • 눈 메이크업 표현에 있어 위생적인 태도 • 눈 메이크업 표현을 위한 정교하고 섬세한 태도 • 눈 표현 도구, 재료, 제품을 유지하려는 태도
아이브로우 메이크업 하기 (1201010303_14v2.04)	4.1. 눈썹형태, 얼굴형, 디자인 등에 따른 아이브로우 이미지를 구분할 수 있다. 4.2. 메이크업디자인, 스타일 등에 따른 아이브로우를 표현할 수 있다. 4.3. 고객의 자기 관찰을 통한 요구 사항을 분석하여 아이브로우 메이크업을 수정할 수 있다. 4.4. 최신 아이브로우 표현 트렌드, 제품 정보 등을 고객에게 설명할 수 있다.	[지식] • 고객상담에 관한 지식 • 다양한 눈썹 형태에 대한 지식 • 성별 형태별 다양한 얼굴 형태에 대한 지식 • 아이브로우 관련 제품의 특성 • 최신 아이브로우 트렌드 [기술] • 아이브로우 메이크업 표현 기법 • 아이브로우 제품 활용 기술 • 아이브로우 제품의 질감, 컬러 등의 표현 기술 [태도] • 다양한 아이브로우 표현을 연습하는 태도 • 아이브로우 표현 도구, 재료, 제품을 최상의 상태로 관리하는 태도
립&치크 메이크업 하기 (1201010303_14v2.05)	5.1. 스타일과 조화로운 립&치크 기본 형태를 디자인 할 수 있다. 5.2. 재료의 질감, 발색, 밀착성, 발림성 등을 구분할 수 있다. 5.3. 메이크업 디자인과 조화되는 제품을 선택하여 립&치크 메이크업을 할 수 있다.	[지식] • 립&치크 메이크업 역사 • 립&치크 메이크업제품의 특성에 대한 지식 • 립&치크 제품 재료 성분 지식 • 립&치크 형태에 대한 지식 • 색채에 대한 지식

관련 능력단위요소	수행준거	지식·기술·태도
립&치크 메이크업 하기 (1201010303_14v2.05)	5.4. 립&치크 메이크업 트렌드, 제품정보를 고객에게 설명할 수 있다.	[기술] • 립&치크 메이크업 컬러 등의 믹싱 기법 • 립&치크 메이크업 표현 기술 [태도] • 립&치크 메이크업 도구, 재료를 사용, 활용하려는 태도 • 립&치크 메이크업 제품 청결을 유지하려는 태도 • 립&치크 메이크업에 필요한 도구관리유지 태도
마무리 스타일링 하기 (1201010303_14v2.06)	6.1. 스타일, 표현 이미지와 조화되는 수정보완 메이크업을 실시할 수 있다.	[지식] • 메이크업 트렌드 • 유행컬러 트렌드 • 최신 패션 트렌드 지식 • 코디네이션 지식 [기술] • 메이크업 이미지를 부각시키는 마무리 기술 • 메이크업 이미지에 적합한 코디네이션 기술 • 메이크업 이미지에 적합한 헤어스타일 정리 기술 [태도] • 고객의 이미지를 최상의 상태로 마무리하려는 태도 • 메이크업 이미지 완성을 위해 최선을 다하는 태도

주차별 학습 내용

(1)주차 학습내용	
수업내용	오리엔테이션 및 기초메이크업실습 전반적인 수업내용
수업 방법/기자재 및 매체	빔프로젝트, 경대, 의자 등

(2)주차 학습내용	
수업내용	진단평가 및 재료의 사용법 & 관리법
수업 방법/기자재 및 매체	빔프로젝트, 경대, 의자 등

(3)주차 학습내용	
관련 능력단위요소(코드)	수행준거
베이스 메이크업하기 (1201010303_02.14v2)	2.1. 피부상태, 디자인 등에 다른 메이크업 제형, 색상을 선택할 수 있다.
	2.2. 얼굴형태, 피부색 등을 고려하여 자연스러운 피부 표현을 할 수 있다.
	2.3. 피부의 추가적인 결점 보완을 위한 제품을 선택할 수 있다.
	2.4. 얼굴형태, 피부상태에 따른 윤곽 수정 제품을 사용할 수 있다.
수업내용	**베이스 메이크업하기** : 피부상태, 디자인 등에 다른 메이크업 제형, 색상을 선택할 수 있다. 얼굴형태, 피부색 등을 고려하여 자연스러운 피부표현을 할 수 있다. 피부의 추가적인 결점 보완을 위한 제품을 선택할 수 있다. 얼굴형태, 피부상태에 따른 윤곽 수정 제품을 사용할 수 있다.
수업활동	강의(이론 및 실습)
수업 방법/기자재 및 매체	빔프로젝트, 경대, 의자 등

(4)주차 학습내용	
관련 능력단위요소(코드)	수행준거
아이 메이크업하기 (1201010303_03.14v2)	3.1. 재료의 특성에 따른 질감, 발색, 밀착성, 발림성 등을 구분 · 선택할 수 있다.
	3.2. 메이크업목적, 디자인 등을 반영하여 아이섀도우을 표현할 수 있다.

관련 능력단위요소(코드)	수행준거
아이 메이크업하기 (1201010303_03.14v2)	3.3. 메이크업목적, 디자인과 조화로운 아이라인을 표현할 수 있다.
	3.4. 아이 메이크업 디자인과 조화되는 마스카라 제품을 활용할 수 있다.
	3.5. 속눈썹표현을 위하여 제품을 가공하여 표현할 수 있다.
수업내용	**아이 메이크업하기** : 재료의 특성에 따른 질감, 발색, 밀착성, 발림성 등을 구분 · 선택할 수 있다. 메이크업 목적, 디자인 등을 반영하여 아이섀도우을 표현할 수 있다. 메이크업 목적, 디자인과 조화로운 아이라인을 표현할 수 있다. 아이 메이크업 디자인과 조화되는 마스카라 제품을 활용할 수 있다. 속눈썹 표현을 위하여 제품을 가공하여 표현할 수 있다.
수업활동	강의(이론 및 실습)
수업 방법/기자재 및 매체	빔프로젝트, 경대, 의자 등
(5)주차 학습내용	
관련 능력단위요소(코드)	수행준거
아이 메이크업하기 (1201010303_03.14v2)	3.1. 재료의 특성에 따른 질감, 발색, 밀착성, 발림성 등을 구분 · 선택할 수 있다.
	3.2. 메이크업 목적, 디자인 등을 반영하여 아이새도우을 표현할 수 있다.
	3.3. 메이크업 목적, 디자인과 조화로운 아이라인을 표현할 수 있다.
	3.4. 아이 메이크업 디자인과 조화되는 마스카라 제품을 활용할 수 있다.
	3.5. 속눈썹 표현을 위하여 제품을 가공하여 표현할 수 있다.
수업내용	**아이 메이크업하기** : 재료의 특성에 따른 질감, 발색, 밀착성, 발림성 등을 구분 · 선택할 수 있다. 메이크업 목적, 디자인 등을 반영하여 아이섀도우을 표현할 수 있다. 메이크업 목적, 디자인과 조화로운 아이라인을 표현할 수 있다. 아이 메이크업 디자인과 조화되는 마스카라 제품을 활용할 수 있다. 속눈썹 표현을 위하여 제품을 가공하여 표현할 수 있다.

수업활동	강의(이론 및 실습)
수업 방법/기자재 및 매체	빔프로젝트, 경대, 의자 등
(6)주차 학습내용	
관련 능력단위요소(코드)	수행준거
아이 메이크업하기 (1201010303_03.14v2)	3.1. 재료의 특성에 따른 질감, 발색, 밀착성, 발림성 등을 구분 · 선택할 수 있다.
	3.2. 메이크업 목적, 디자인 등을 반영하여 아이새도우을 표현할 수 있다.
	3.3. 메이크업 목적, 디자인과 조화로운 아이라인을 표현할 수 있다.
	3.4. 아이 메이크업 디자인과 조화되는 마스카라 제품을 활용할 수 있다.
	3.5. 속눈썹 표현을 위하여 제품을 가공하여 표현할 수 있다.
수업내용	**아이 메이크업하기** : 재료의 특성에 따른 질감, 발색, 밀착성, 발림성 등을 구분 · 선택할 수 있다. 메이크업 목적, 디자인 등을 반영하여 아이섀도우을 표현할 수 있다. 메이크업 목적, 디자인과 조화로운 아이라인을 표현할 수 있다. 아이 메이크업 디자인과 조화되는 마스카라 제품을 활용할 수 있다. 속눈썹 표현을 위하여 제품을 가공하여 표현할 수 있다.
수업활동	강의(이론 및 실습)
수업 방법/기자재 및 매체	빔프로젝트, 경대, 의자 등
(7)주차 학습내용	
관련 능력단위요소(코드)	수행준거
아이 메이크업하기 (1201010303_03.14v2)	3.1. 재료의 특성에 따른 질감, 발색, 밀착성, 발림성 등을 구분 · 선택할 수 있다.
	3.2. 메이크업 목적, 디자인 등을 반영하여 아이새도우을 표현할 수 있다.
	3.3. 메이크업 목적, 디자인과 조화로운 아이라인을 표현할 수 있다.
	3.4. 아이 메이크업 디자인과 조화되는 마스카라 제품을 활용할 수 있다.
	3.5. 속눈썹 표현을 위하여 제품을 가공하여 표현할 수 있다.

수업내용	**아이 메이크업하기** : 재료의 특성에 따른 질감, 발색, 밀착성, 발림성 등을 구분 · 선택할 수 있다. 메이크업 목적, 디자인 등을 반영하여 아이섀도우을 표현할 수 있다. 메이크업 목적, 디자인과 조화로운 아이라인을 표현할 수 있다. 아이 메이크업 디자인과 조화되는 마스카라 제품을 활용할 수 있다. 속눈썹 표현을 위하여 제품을 가공하여 표현할 수 있다.
수업활동	강의(이론 및 실습)
수업 방법/기자재 및 매체	빔프로젝트, 경대, 의자 등
(8)주차 학습내용	
수업내용	직무수행능력평가
수업활동	직무수행능력평가
수업 방법/기자재 및 매체	빔프로젝트, 경대, 의자 등
(9)주차 학습내용	
수업내용	피드백
수업활동	피드백
수업 방법/기자재 및 매체	빔프로젝트, 경대, 의자 등
(10)주차 학습내용	
관련 능력단위요소(코드)	**수행준거**
아이브로우 메이크업하기 (1201010303_04.14v2)	4.1. 눈썹형태, 얼굴형, 디자인 등에 따른 아이브로우 이미지를 구분할 수 있다.
	4.2. 메이크업디자인, 스타일 등에 따른 아이브로우를 표현할 수 있다.
	4.3. 고객의 자기 관찰을 통한 요구 사항을 분석하여 아이브로우 메이크업을 수정할 수 있다.
	4.4. 최신 아이브로우 표현 트렌드, 제품 정보 등을 고객에게 설명할 수 있다.
수업내용	**아이브로우 메이크업하기** : 눈썹형태, 얼굴형, 디자인 등에 따른 아이브로우 이미지를 구분할 수 있다. 메이크업 디자인, 스타일 등에 따른 아이브로우를 표현할 수 있다. 고객의 자기 관찰을 통한 요구 사항을 분석하여 아이브로우 메이크업을 수정할 수 있다. 최신 아이브로우 표현 트렌드, 제품 정보 등을 고객에게 설명할 수 있다.
수업활동	피드백
수업 방법/기자재 및 매체	빔프로젝트, 경대, 의자 등

(11)주차 학습내용	
관련 능력단위요소(코드)	수행준거
아이브로우 메이크업하기 (1201010303_04.14v2)	4.1. 눈썹형태, 얼굴형, 디자인 등에 따른 아이브로우 이미지를 구분할 수 있다. 4.2. 메이크업디자인, 스타일 등에 따른 아이브로우를 표현할 수 있다. 4.3. 고객의 자기 관찰을 통한 요구 사항을 분석하여 아이브로우 메이크업을 수정할 수 있다. 4.4. 최신 아이브로우 표현 트렌드, 제품 정보 등을 고객에게 설명할 수 있다.
수업내용	**아이브로우 메이크업하기** : 눈썹형태, 얼굴형, 디자인 등에 따른 아이브로우 이미지를 구분할 수 있다. 메이크업디자인, 스타일 등에 따른 아이브로우를 표현할 수 있다. 고객의 자기 관찰을 통한 요구 사항을 분석하여 아이브로우 메이크업을 수정할 수 있다. 최신 아이브로우 표현 트렌드, 제품 정보 등을 고객에게 설명할 수 있다.
수업활동	피드백
수업 방법/기자재 및 매체	빔프로젝트, 경대, 의자 등

(12)주차 학습내용	
관련 능력단위요소(코드)	수행준거
립&치크 메이크업하기 (1201010303_05.14v2)	5.1. 스타일과 조화로운 립&치크 기본 형태를 디자인 할 수 있다. 5.2. 재료의 질감, 발색, 밀착성, 발림성 등을 구분할 수 있다. 5.3. 메이크업 디자인과 조화되는 제품을 선택하여 립&치크 메이크업을 할 수 있다. 5.4. 립&치크 메이크업 트렌드, 제품정보를 고객에게 설명할 수 있다.
수업내용	**립&치크 메이크업하기** : 스타일과 조화로운 립&치크 기본 형태를 디자인 할 수 있다. 재료의 질감, 발색, 밀착성, 발림성 등을 구분할 수 있다. 메이크업 디자인과 조화되는 제품을 선택하여 립&치크 메이크업을 할 수 있다. 립&치크 메이크업 트렌드, 제품정보를 고객에게 설명할 수 있다.
수업활동	직무수행능력평가, 강의(이론 및 실습)
수업 방법/기자재 및 매체	빔프로젝트, 경대, 의자 등

(13)주차 학습내용	
관련 능력단위요소(코드)	**수행준거**
립&치크 메이크업하기 (1201010303_05.14v2)	5.1. 스타일과 조화로운 립&치크 기본 형태를 디자인 할 수 있다.
	5.2. 재료의 질감, 발색, 밀착성, 발림성 등을 구분할 수 있다.
	5.3. 메이크업 디자인과 조화되는 제품을 선택하여 립&치크 메이크업을 할 수 있다.
	5.4. 립&치크 메이크업 트렌드, 제품정보를 고객에게 설명할 수 있다.
수업내용	**립&치크 메이크업하기** : 스타일과 조화로운 립&치크 기본 형태를 디자인 할 수 있다. 재료의 질감, 발색, 밀착성, 발림성 등을 구분할 수 있다. 메이크업 디자인과 조화되는 제품을 선택하여 립&치크 메이크업을 할 수 있다. 립&치크 메이크업 트렌드, 제품정보를 고객에게 설명할 수 있다.
수업활동	강의(이론 및 실습)
수업 방법/기자재 및 매체	빔프로젝트, 경대, 의자 등
(14)주차 학습내용	
관련 능력단위요소(코드)	**수행준거**
마무리 스타일링하기 (1201010303_06.14v2)	6.1. 스타일, 표현 이미지와 조화되는 수정보완 메이크업을 실시할 수 있다.
수업내용	**마무리 스타일링하기** : 스타일, 표현 이미지와 조화되는 수정보완 메이크업을 실시할 수 있다.
수업 방법/기자재 및 매체	빔프로젝트, 경대, 의자 등
(15)주차 학습내용	
수업내용	포트폴리오, 보강주
수업활동	직무수행능력평가, 보강
수업 방법/기자재 및 매체	빔프로젝트, 경대, 의자 등
(16)주차 학습내용	
수업내용	포트폴리오
수업활동	향상/심화학습
수업 방법/기자재 및 매체	빔프로젝트, 경대, 의자 등

※ **비정규과정** : 심화 평가/향상 평가(재평가) 및 외부산업체 인사(현장전문가)특강

실험 · 실습 계획서

담당교수 : (인)

교 과 목 명	기초메이크업실무	이 수 구 분	전선	학 점	3
대 상 학 과	피부미용전공	대 상 학 년		시 수 (이론/실습시간)	3 (1 / 2)

주	실험 · 실습 내용	사용기자재 및 물품	소모품 및 수량
1	오리엔테이션 및 수업내용	빔 프로젝트, 경대, 의자 등	메이크업 키트
2	메이크업 재료 도구 메이크업역사	빔 프로젝트, 경대, 의자 등	
3	베이스메이크업하기	빔 프로젝트, 경대, 의자 등	메이크업 키트
4	베이스메이크업하기	빔 프로젝트, 경대, 의자 등	메이크업 키트
5	아이메이크업하기	빔 프로젝트, 경대, 의자 등	메이크업 키트
6	아이메이크업하기	빔 프로젝트, 경대, 의자 등	메이크업 키트
7	아이메이크업하기	빔 프로젝트, 경대, 의자 등	메이크업 키트
8	직무능력평가1차	빔 프로젝트, 경대, 의자 등	메이크업 키트
9	피드백	빔 프로젝트, 경대, 의자 등	메이크업 키트
10	아이브로우메이크업하기	빔 프로젝트, 경대, 의자 등	메이크업 키트
11	아이브로우메이크업하기	빔 프로젝트, 경대, 의자 등	메이크업 키트
12	직무능력평가2차 립&치크메이크업하기	빔 프로젝트, 경대, 의자 등	메이크업 키트
13		빔 프로젝트, 경대, 의자 등	메이크업 키트
14	마무리스타일링하기	빔 프로젝트, 경대, 의자 등	메이크업 키트
15	직무능력평가3차 포트폴리오 보강주	빔 프로젝트, 경대, 의자 등	
16	향상 심화학습 포트폴리오 수정보완	빔 프로젝트, 경대, 의자 등	

교과목 명세서

교과목명	기초 메이크업 실습	능력단위명 (능력단위코드)	기본 메이크업 (1201010303_14v2)
직무명	메이크업	NCS학습모듈	기본 메이크업 실습서
이수구분	선택필수	이수시간/학점	3/3
교육목표	• 기초 메이크업의 이론을 공부하고 기본메이크업에 필요한 수행준거와 제품을 사용할 수 있으며 표현할 수 있다. • 기본 메이크업의 수행준거인 기본 메이크업을 위하여 베이스 메이크업하기, 아이 메이크업, 아이브로우 메이크업하기, 립&치크 제품을 활용하여 마무리스타일링을 할 수 있다.		
교육내용	메이크업의 직무에서 기본이 되는 메이크업을 수행하기 위하여 1) 베이스 메이크업하기의 수행준거 및 지식, 기술, 태도 2) 아이 메이크업하기의 수행준거 및 지식, 기술, 태도 3) 아이브로우 메이크업하기의 수행준거 및 지식, 기술, 태도 4) 립&치크 메이크업하기의 수행준거 및 지식, 기술, 태도 5) 마무리 스타일링하기의 수행준거 및 지식, 기술, 태도		
교수학습방법	(아래 표 참조) a. 이론 강의, b. 실습, c. 발표, d. 토론, e. 팀프로젝트 f. 캡스톤디자인, g. 포트폴리오(학습자/교수자), h. 기타		

A	B	C	D	E	F	G	H
0	0					0	

	능력단위 요소명	수행준거	NCS 적용 여부
관련 NCS	**베이스 메이크업하기** (1201010303_ 14v2.2)	2.1 피부상태, 디자인 등에 다른 메이크업 제형, 색상을 선택할 수 있다. 2.2 얼굴형태, 피부색 등을 고려하여 자연스러운 피부표현을 할 수 있다. 2.3 피부의 추가적인 결점 보완을 위한 제품을 선택할 수 있다. 2.4 얼굴형태, 피부상태에 따른 윤곽 수정 제품을 사용할 수 있다.	Y
	아이 메이크업하기 (1201010303_ 14v2.3)	3.1 재료의 특성에 따른 질감, 발색, 밀착성, 발림성 등을 구분 · 선택할 수 있다. 3.2 메이크업 목적, 디자인 등을 반영하여 아이새도우을 표현할 수 있다. 3.3 메이크업 목적, 디자인과 조화로운 아이라인을 표현할 수 있다. 3.4 아이 메이크업 디자인과 조화되는 마스카라 제품을 활용할 수 있다. 3.5 속눈썹 표현을 위하여 제품을 가공하여 표현할 수 있다.	Y
	아이브로우 메이크업하기 (1201010303_ 14v2.4)	4.1 눈썹형태, 얼굴형, 디자인 등에 따른 아이브로우 이미지를 구분할 수 있다. 4.2 메이크업디자인, 스타일 등에 따른 아이브로우를 표현할 수 있다. 4.3 고객의 자기 관찰을 통한 요구사항을 분석하여 아이브로우 메이크업을 수정할 수 있다. 4.4 최신 아이브로우 표현 트렌드, 제품 정보 등을 고객에게 설명할 수 있다.	Y
	립&치크 메이크업하기 (1201010303_ 14v2.5)	5.1 스타일과 조화로운 립&치크 기본 형태를 디자인 할 수 있다. 5.2 재료의 질감, 발색, 밀착성, 발림성 등을 구분할 수 있다.	Y

	능력단위 요소명	수행준거	NCS 적용 여부
관련 NCS	립&치크 메이크업하기 (1201010303_14v2.5)	5.3 메이크업 디자인과 조화되는 제품을 선택하여 립&치크 메이크업을 할 수 있다. 5.4 립&치크 메이크업 트렌드, 제품정보를 고객에게 설명할 수 있다.	Y
	마무리 스타일링하기 (1201010303_14v2.6)	6.1 스타일, 표현 이미지와 조화되는 수정보완 메이크업을 실시할 수 있다.	Y

	능력단위 요소명	지식	기술	태도
지식/기술 태도	베이스 메이크업하기 (1201010303_14v2.2)	- 베이스메이크업 제품에 대한 지식 - 피부 유형별 화장품의 종류 - 피부에 대한 기초지식	- 피부표현 메이크업 기법 - 베이스제품 활용 기술	- 베이스제품별 특성을 정확하게 구분하는 태도
	아이 메이크업하기 (1201010303_14v2.3)	- 눈 생김새별 이미지 표현 지식 - 아이메이크업 컬러에 대한 지식	- 눈의 형태에 따른 아이섀도우 테크닉 - 눈의 형태에 따른 아이라이너 테크닉 - 눈의 형태에 따른 마스카라 테크닉	- 눈 메이크업 표현을 위한 정교하고 섬세한 태도
	아이브로우 메이크업하기 (1201010303_14v2.4)	- 다양한 눈썹 형태에 대한 지식 - 성별 형태별 다양한 얼굴 형태에 대한 지식 - 아이브로우 관련 제품의 특성	- 아이브로우 메이크업 표현 기법 - 아이브로우 제품의 질감, 컬러 등의 표현 기술	- 다양한 아이브로우 표현을 연습하는 태도

<table>
<tr><th rowspan="3">지식/기술
태도</th><th>능력단위
요소명</th><th colspan="2">지식</th><th>기술</th><th>태도</th></tr>
<tr><td>립&치크
메이크업하기
(1201010303_
14v2.5)</td><td colspan="2">- 립&치크 메이크업 제품의 특성에 대한 지식
- 립&치크 형태에 대한 지식
- 색채에 대한 지식</td><td>- 립&치크 메이크업 표현 기술
- 립&치크 메이크업 컬러 등의 믹싱 기법</td><td>- 립&치크 메이크업 도구/재료를 사용 및 활용하려는 태도</td></tr>
<tr><td>마무리
스타일링하기
(1201010303_
14v2.6)</td><td colspan="2">- 최신 패션 트렌드 지식
- 코디네이션 지식
- 메이크업 트렌드
- 유행컬러 트렌드</td><td>- 메이크업 이미지에 적합한 헤어스타일 정리 기술
- 메이크업 이미지에 적합한 코디네이션 기술
- 메이크업 이미지를 부각시키는 마무리 기술</td><td>- 메이크업 이미지 완성을 위해 최선을 다하는 태도
- 고객의 이미지를 최상의 상태로 마무리하려는 태도</td></tr>
<tr><th rowspan="2">장비 및
도구</th><th colspan="3">능력단위 활용</th><th colspan="2">미활용</th></tr>
<tr><td>- 거울이 포함된 작업대
- 의자(높이조절이 가능한 메이크업 의자)</td><td colspan="2">- 메이크업 키트</td><td></td><td></td></tr>
<tr><th>평가방법</th><td colspan="5">

A	B	C	D	E	F	G	H	I	J	K	L	M
0								0				0

A. 포트폴리오, B. 문제해결시나리오, C. 서술형, D. 논술형시험, E. 사례연구, F. 평가자질문, G. 평가자, H. 피평가자 체크리스트, I. 일지/저널, J. 역할연기, K. 구두발표, L. 작업장평가, M. 평가

</td></tr>
<tr><th>교육정보</th><td colspan="5">- 기본 메이크업 관련 참고도서(베이직 메이크업)
- 인터넷을 통한 전문 채널 및 비디오, DVD 등의 시청각 자료</td></tr>
</table>

학습 형태별 소요시간	강의	실습	평가	개별지도	개인학습	합 계
	15	15	10	3	2	45

[20 학년도 학기]

평가 계획서

<table>
<tr><td>교과목명</td><td>기초메이크업실무</td><td>담당교수</td><td colspan="2"></td></tr>
<tr><td>관련직무명</td><td>03. 메이크업</td><td>능력단위명
(능력단위코드)</td><td colspan="2">기본 메이크업
(1201010303_14v2)</td></tr>
<tr><td rowspan="6">평가개요</td><td>구 분</td><td>배 점</td><td colspan="2">평가개요</td></tr>
<tr><td>진단평가 1</td><td>-</td><td colspan="2">학습자가 현재 업무를 수행하는데 알고 있는 수준을 파악하기 위해 수업시작 전에 평가 전공능력 선행수준 파악</td></tr>
<tr><td>직무수행능력평가 1</td><td>30%</td><td colspan="2">아이 메이크업하기</td></tr>
<tr><td>직무수행능력평가 2</td><td>30%</td><td colspan="2">아이브로우 메이크업하기</td></tr>
<tr><td>직무수행능력평가 3</td><td>20%</td><td colspan="2">포트폴리오</td></tr>
<tr><td>출석평가</td><td>20%</td><td colspan="2">학교규정에 의함</td></tr>
<tr><td>평가항목</td><td colspan="4">평가내용 및 방법</td></tr>
<tr><td>진단평가 1</td><td colspan="4">• 평가내용 : 기초 메이크업 실습 등 기본메이크업 업무를 수행하는데 요구되는 자신의 능력 수준을 수시로 알아볼 수 있는 체크리스트
• 평가시기 : 2주차
• 영역별 평가내용
(아래 표 참조)</td></tr>
</table>

<table>
<tr><td rowspan="2">영역
(능력단위
요소)</td><td rowspan="2">진단문항</td><td colspan="3">자가진단</td></tr>
<tr><td>높음</td><td>보통</td><td>낮음</td></tr>
<tr><td rowspan="4">베이스
메이크업
하기</td><td>2.1. 피부상태, 디자인 등에 다른 메이크업 제형, 색상을 선택할 수 있다.</td><td></td><td></td><td></td></tr>
<tr><td>2.2. 얼굴형태, 피부색 등을 고려하여 자연스러운 피부표현을 할 수 있다.</td><td></td><td></td><td></td></tr>
<tr><td>2.3. 피부의 추가적인 결점 보완을 위한 제품을 선택할 수 있다.</td><td></td><td></td><td></td></tr>
<tr><td>2.4. 얼굴형태, 피부상태에 따른 윤곽 수정 제품을 사용할 수 있다.</td><td></td><td></td><td></td></tr>
</table>

<table>
<tr><th>평가항목</th><th>평가내용 및 방법</th></tr>
<tr><td>진단평가 1</td><td>
<table>
<tr><th rowspan="2">영역
(능력단위 요소)</th><th rowspan="2">진단문항</th><th colspan="3">자가진단</th></tr>
<tr><th>높음</th><th>보통</th><th>낮음</th></tr>
<tr><td rowspan="5">아이 메이크업 하기</td><td>3.1. 재료의 특성에 따른 질감, 발색, 밀착성, 발림성 등을 구분 · 선택할 수 있다.</td><td></td><td></td><td></td></tr>
<tr><td>3.2. 메이크업 목적, 디자인 등을 반영하여 아이섀도우을 표현할 수 있다.</td><td></td><td></td><td></td></tr>
<tr><td>3.3. 메이크업 목적, 디자인과 조화로운 아이라인을 표현할 수 있다.</td><td></td><td></td><td></td></tr>
<tr><td>3.4. 아이 메이크업 디자인과 조화되는 마스카라 제품을 활용할 수 있다.</td><td></td><td></td><td></td></tr>
<tr><td>3.5. 속눈썹 표현을 위하여 제품을 가공하여 표현할 수 있다.</td><td></td><td></td><td></td></tr>
<tr><td rowspan="4">아이브로우 메이크업 하기</td><td>4.1. 눈썹형태, 얼굴형, 디자인 등에 따른 아이브로우 이미지를 구분할 수 있다.</td><td></td><td></td><td></td></tr>
<tr><td>4.2. 메이크업디자인, 스타일 등에 따른 아이브로우를 표현할 수 있다.</td><td></td><td></td><td></td></tr>
<tr><td>4.3. 고객의 자기 관찰을 통한 요구 사항을 분석하여 아이브로우 메이크업을 수정할 수 있다.</td><td></td><td></td><td></td></tr>
<tr><td>4.4. 최신 아이브로우 표현 트렌드, 제품 정보 등을 고객에게 설명할 수 있다.</td><td></td><td></td><td></td></tr>
<tr><td rowspan="4">립&치크 메이크업 하기</td><td>5.1. 스타일과 조화로운 립&치크 기본 형태를 디자인 할 수 있다.</td><td></td><td></td><td></td></tr>
<tr><td>5.2. 재료의 질감, 발색, 밀착성, 발림성 등을 구분할 수 있다.</td><td></td><td></td><td></td></tr>
<tr><td>5.3. 메이크업 디자인과 조화되는 제품을 선택하여 립&치크 메이크업을 할 수 있다.</td><td></td><td></td><td></td></tr>
<tr><td>5.4. 립&치크 메이크업 트렌드, 제품정보를 고객에게 설명할 수 있다.</td><td></td><td></td><td></td></tr>
<tr><td>마무리 스타일링 하기</td><td>6.1. 스타일, 표현 이미지와 조화되는 수정 보완 메이크업을 실시할 수 있다.</td><td></td><td></td><td></td></tr>
</table>
• 평가내용 : 자가진단 체크리스트
• 평가시 고려사항 : 학습자가 수업자에 하는 평가로 직무를 수행하기 위하여 수행준거를 얼마나 인지하고 있는지를 파악
• 평가 결과 활용 계획 : 기본 메이크업의 수행준거에 있는 내용과 관련 지식
</td></tr>
<tr><td>출석평가</td><td>결석 1회 –1점 감점, 지각 3회 결석 1번</td></tr>
</table>

<table>
<tr><th>평가항목</th><th>평가내용 및 방법</th></tr>
<tr><td>직무능력평가
1</td><td>
• 평가내용 : 아이 메이크업하기
• 평가시기 : 8주차
• 영역별 평가내용
<table>
<tr><th colspan="2">능력단위요소 및 수행준거</th><th></th></tr>
<tr><td colspan="2">아이 메이크업 하기</td><td>25</td></tr>
<tr><td rowspan="4">수행준거</td><td>3.1. 재료의 특성에 따른 질감, 발색, 밀착성, 발림성 등을 구분 · 선택할 수 있다.</td><td></td></tr>
<tr><td>3.2. 메이크업 목적, 디자인 등을 반영하여 아이섀도우을 표현할 수 있다.</td><td></td></tr>
<tr><td>3.3. 메이크업 목적, 디자인과 조화로운 아이라인을 표현할 수 있다.</td><td></td></tr>
<tr><td>3.4. 아이 메이크업 디자인과 조화되는 마스카라 제품을 활용할 수 있다.</td><td></td></tr>
<tr><td colspan="2">계</td><td>25</td></tr>
</table>
<table>
<tr><th colspan="2">지식/기술/태도(K/S/A/T)</th><th>배점</th></tr>
<tr><td colspan="2">아이 메이크업 하기</td><td>5</td></tr>
<tr><td>태도</td><td>• 눈 메이크업 표현에 있어 위생적인 태도
• 눈 메이크업 표현을 위한 정교하고 섬세한 태도
• 눈 표현 도구, 재료, 제품을 유지하려는 태도</td><td></td></tr>
<tr><td colspan="2">계</td><td>5</td></tr>
</table>
• 평가방법 : 작업장 평가
• 평가시 고려사항 : 수행준거에 의함
</td></tr>
<tr><td>직무능력평가
2</td><td>
• 평가내용 : 아이브로우 메이크업하기
• 평가시기 : 12주차
• 영역별 평가내용
<table>
<tr><th colspan="2">능력단위요소 및 수행준거</th><th></th></tr>
<tr><td colspan="2">아이브로우 메이크업 하기</td><td>25</td></tr>
<tr><td rowspan="2">수행준거</td><td>4.1. 눈썹형태, 얼굴형, 디자인 등에 따른 아이브로우 이미지를 구분할 수 있다.</td><td></td></tr>
<tr><td>4.2. 메이크업디자인, 스타일 등에 따른 아이브로우를 표현할 수 있다.</td><td></td></tr>
<tr><td colspan="2">계</td><td>25</td></tr>
</table>
</td></tr>
</table>

평가항목	평가내용 및 방법

직무능력평가 2

지식/기술/태도(K/S/A/T)		배점
아이브로우 메이크업 하기		5
태도	• 다양한 아이브로우 표현을 연습하는 태도 • 아이브로우 표현 도구, 재료, 제품을 최상의 상태로 관리하는 태도	
계		5

- **평가방법** : 작업장 평가
- **평가시 고려사항** : 수행준거에 의함

직무능력평가 3

- **평가내용** : 포트폴리오
- **평가시기** : 15주차
- **영역별 평가내용**

능력단위요소 및 수행준거		
베이스 메이크업 하기		4
수행준거	2.2. 얼굴형태, 피부색 등을 고려하여 자연스러운 피부표현을 할 수 있다.	
수행준거	2.4. 얼굴형태, 피부상태에 따른 윤곽 수정 제품을 사용할 수 있다.	
아이 메이크업 하기		8
수행준거	3.2. 메이크업 목적, 디자인 등을 반영하여 아이섀도우을 표현할 수 있다.	
수행준거	3.3. 메이크업 목적, 디자인과 조화로운 아이라인을 표현할 수 있다.	
수행준거	3.4. 아이 메이크업 디자인과 조화되는 마스카라 제품을 활용할 수 있다.	
수행준거	3.5. 속눈썹 표현을 위하여 제품을 가공하여 표현할 수 있다.	
아이브로우 메이크업 하기		2
수행준거	4.2. 메이크업디자인, 스타일 등에 따른 아이브로우를 표현할 수 있다.	
립&치크 메이크업 하기		4
수행준거	5.1. 스타일과 조화로운 립&치크 기본 형태를 디자인 할 수 있다.	
수행준거	5.3. 메이크업 디자인과 조화되는 제품을 선택하여 립&치크 메이크업을 할 수 있다.	

<table>
<tr><th>평가항목</th><th>평가내용 및 방법</th></tr>
<tr><td>직무능력평가
3</td><td>
<table>
<tr><th colspan="3">능력단위요소 및 수행준거</th></tr>
<tr><td colspan="2">마무리 스타일링하기</td><td>2</td></tr>
<tr><td>수행준거</td><td>6.1. 스타일, 표현 이미지와 조화되는 수정 보완 메이크업을 실시할 수 있다.</td><td></td></tr>
<tr><td colspan="2">계</td><td>20</td></tr>
</table>
• 평가방법 : 작업장 평가
• 평가시 고려사항 : 수행준거에 의함
</td></tr>
<tr><td>향상/심화계획</td><td>포트폴리오 수정 및 보완</td></tr>
</table>

CHAPTER 01 색채학

1 색의 의미

색은 태양광선이 물체에 비추어 반사, 굴절, 흡수될 때 파장의 길고 짧음에 따라 눈의 시신경과 망막을 통해 감지되고 뇌를 통해 인지되는 것이다. 사람은 색과 함께 생활하며 호흡하고 있음을 인식하지 못하지만, 색과 사람은 아주 밀접한 관계를 갖고 있다. 그리고 우리에게 시각적, 촉각적인 경험을 하게 하여 색으로부터 차갑거나 따뜻한 느낌을 받는다. 따라서 색이 살아 움직이는 힘을 통해 어떤 심리적 영향을 줄 수 있음을 알 수 있다.

2 색의 3속성

색은 흰색에서 회색의 여러 단계를 거쳐 검정색까지 명도의 차이만을 무채색과 무채색을 제외한 컬러를 띤 모든 색을 유채색으로 나눌 수 있다.

색에는 컬러를 비롯하여 색의 선명도인 채도와 색의 밝고 어두움을 표현하는 명도로 색을 구분되며 색상, 명도, 채도를 색의 3속성이라 한다.

1) 색상(Hue)

색상은 색채를 구별하기 위한 색채의 명칭이며, 유채색만이 갖는 속성으로 색의 차이를 말한다. 색상은 스펙트럼에 나타나는 빨강, 주황, 노랑, 초록, 파랑, 남색, 보라 등의 색감으로 빛의 파장 차이로 다르게 보인다.

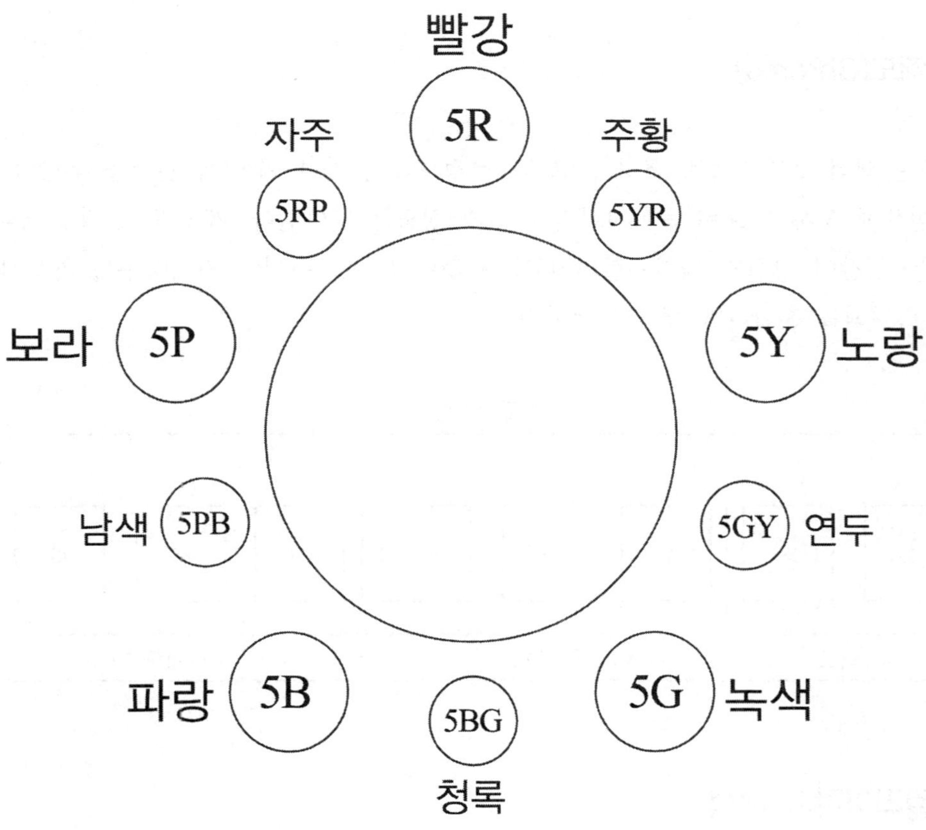

2) 명도(Value)

명도는 색의 밝기를 말하며, 밝은 명도는 '틴트(Tint)', 어두운 명도는 '섀도(Shadow)'라고 한다. 명도는 선명함을 갖기 않은 무채색을 기준하고 완전한 검정을 0, 완전한 흰색을 10으로 해서 기호를 표시한다. 그러나 이상적인 흑과 백을 만들 수 없기 때문에 1~9단계가 사용된다.

색의 명도를 높이고 싶을 때 흰색을 더 혼합하면 밝아지고, 명도를 낮추고 싶을 때는 검정색을 혼합하며 어두워진다.

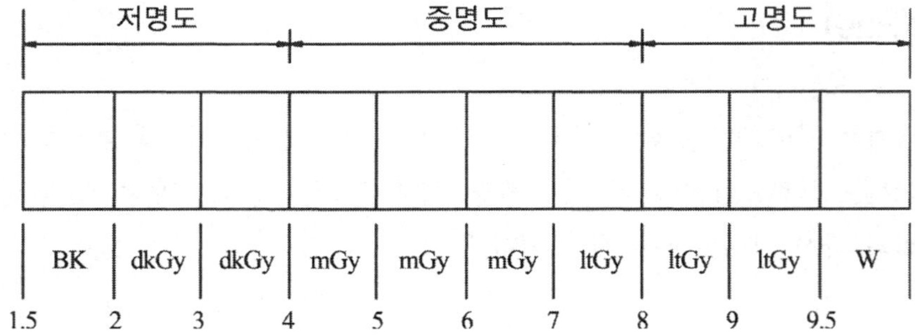

3) 채도(Chroma)

채도는 색의 선명함으로 색의 맑고 탁한 정도를 말하며, 순색에 흰색을 혼합할 때 순색은 흰색에 의해 명도는 높아지지만 순색의 정도는 낮아진다. 채도가 '높다', '낮다'라고 할 때는 색감이 강한지 약한지를 나타내는 것이다. 즉, 순색에 가까울수록 채도가 높아지며 다른 색을 혼합하면 채도가 낮아진다.

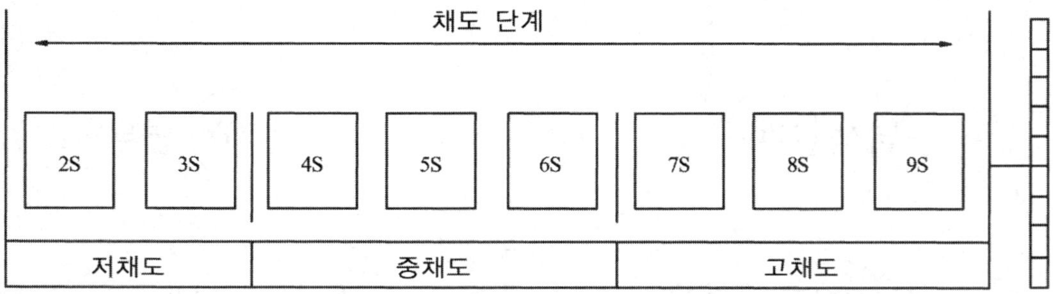

3 컬러이미지 배색

메이크업을 할 때 두 가지 이상의 색이 조화를 이루는데 이것을 컬러이미지 배색이라 하며, 피부색과 아이섀도우, 블러셔, 립 등의 배색의 조화를 고려하여야 한다.

1) 동일계열 배색

같은 색이면서 다양한 명도와 채도로 변화시킬 수 있다. 전체적으로 차분한 느낌의 심리적 효과를 가진 것으로 생각되지만 명도대비가 뚜렷하거나 선명한 채도를 가진 색을 조화시키며 자극적일수도 있다.

2) 유사계열 배색

색 차이가 크지 않은 비슷한 색상의 조화를 말하는 것으로서 전체적으로 단정하게 정돈된 분위기 연출에 적합하며 차분하고 온화한 인상을 준다. 유사색상으로 간단히 조화를 이룰 수 있으며 배색의 효과 역시 크다. 명도와 채도의 차이가 큰 아이템을 선택하면 더욱 조화롭다.

3) 대조계열 배색

서로의 색상간의 간격이 먼색의 조화로 강한 이미지를 주려고 할 경우나 화려하고 감각적인 스타일링을 원하는 경우에 과감하게 도전해 볼만하다. 강한 색상의 배색을 피하고 약한 색상을 사용하면 더욱 강한 개성을 표현할 수 있는 효과적인 스타일링을 말할 수 있다.

4) 보색 배색

따뜻하고 푸근한 이미지의 난색과 차가운 이미지를 주는 한색을 배색하는 경우로 서로 상이한 두 색의 이미지를 조화함으로서 서로의 색상을 선명하게 돋보일 수 있게 할 수 있다는 것이 특징이라고 할 수 있다.

5) 그라데이션 배색

색상이나 톤을 단계적으로 변화하게 하는 배색 방법으로 자연스럽고 리드미컬한 이미지를 연출, 생명력 있고 참신한 이미지의 코디네이션이 가능한 것이 특징이다. 보다 효과적인 그라데이션 계열 배색을 위해서는 소재의 길이에 변화를 주거나 색상의 변화를 주는 것이 좋다.

6) 세퍼레이션 배색

성향이 다른 계열의 색을 조화롭게 배열할 때 분리색이나 무채색을 중간에 사용하여 부드러운 이미지를 살릴 때 주로 채택하는 배색 방법이다. 이 배색의 가장 큰 특징은 대조색의 코디네이션의 강열함을 완화시키거나 유사색 코디네이션의 단조로움을 피할 수 있다는 것이다.

7) 악센트 배색

성향이 비슷한 색상의 배열의 단조로움을 탈피하기 위해 두드러진 강조색을 사용하는 기법으로 코디네이션의 포인트를 주는 배색의 방법이다.

8) 톤 온 톤 배색

동일계열의 색상을 사용하여 통일감을 줄 수 있다는 장점과 명도와 채도의 변화를 통해 정돈된 이미지의 다양한 연출이 가능한 배색이다. 단점으로는 다소 단조롭다는 이미지를 주기 쉬우므로 액세서리의 연출이 특히 필요하다.

9) 톤 인 톤 배색

동일계열의 명도와 채도의 상이한 색상을 배색하는 것으로 비교적 톤 온 톤에 비해 색상의 조화를 자유롭게 연출할 수 있다는 장점은 있으나 톤 온 톤 계열 배색과 마찬가지로 너무 차분하고 통일된 이미지이므로 다소 단조로운 배색이 될 수 있다는 점에 유의해야 한다.

4 톤의 분류

톤은 색의 명도와 채도의 복합개념으로 같은 색상계열이라도 흐린 색, 진한 색, 강한 색, 탁한 색 등으로 명암, 강약, 농담 등의 차이로 표현할 수 있다.

1) 비비드 톤(Vivid Tone)

'순색'으로 채도가 높고 선명하여 화려한 것이 특징이다. 강렬하고 시선이 집중되며 활동적인 이미지를 나타낸다.

2) 스트롱 톤(Strong Tone)

비비드 톤과 같이 고채도의 색상이지만 비비드 톤보다 소량의 검정이 함유되어 선명도가 약간 떨어지지만 강함을 띄는 색이다.

3) 브라이트 톤(Bright Tone)

순색의 비비드 톤에 흰색이 조금 혼합된 밝고 맑은 톤으로 꿈과 희망을 주는 효과가 있다.

4) 페일 톤(Pale Tone)

파스텔 톤으로 부드럽고 가벼우며 약한 여성적인 이미지에 적합하다. 브라이트 톤에 흰색이 혼합되어 연한 것이 특징이다.

5) 라이트 그레이시 톤(Light Grayish Tone)

라이트 톤에 밝은 회색을 섞어 만든 톤으로 차분하고 성숙한 이미지와 은은하고 세련된 이미지를 나타낸다.

6) 그레이시 톤(Grayish Tone)

덜 톤에 회색이 가미된 톤으로 차분하고 정적이면서 금욕주의적인 느낌이 강하다. 우울하며 침울하지만 차분한 톤이다.

7) 덜 톤(Dull Tone)

스트롱 톤에 중간 회색이 가미된 톤이다. 중명도, 중채도의 차분하고 고풍스런 느낌의 고상한 이미지가 적합하다.

8) 딥 톤(Deep Tone)

비비드 톤에 검정이 가미된 텁톤은 중후한 이미지로 진하고 강한 것이 특징이다. 고상하고 클래식한 이미지를 잘 표현할 수 있는 색조로 비비드 톤보다 진한 느낌을 주며 스트롱 톤보다는 고상한 이미지를 가지고 있다.

9) 다크 톤(Dark Tone)

딥 톤보다 무거운 색조로 톤 중에서 가장 어두운 색이다.

5 퍼스널 컬러(Personal Color)

1) 좋아하는 색

우리는 흔히 좋아하는 색(favorite color)과 어울리는 색(personal color)을 같은 개념으로 받아들이는 경우가 많다. 그러나 결코 좋아하는 색과 어울리는 색이 반드시 일치하는 것은 아니다. 개인이 좋아하는 모든 색이 자신에게 전부 어울리는 것이 아니며 자신에게 어울리는 색은 따로 있기 때문이다. 좋아하는 색은 교육 환경, 주위 환경에서 오는 심리적 영향과 성격, 기질과 연관성을 가지고 있으며 성장과정에 따라 달라진다. 색이 미치는 영향 중 부모의 영향은 아이가 태어나면서 가장 먼저 접하게 되는 부모의 색채인 본태성 컬러에 의한 것이다. 즉, 성장환경에서 영향을 받은 '본태성 컬러'를 통해 자신이 좋아하는 색을 자신에게 어울리는 '퍼스널 컬러'인양 착각하는 것이다.

2) 어울리는 색

사람에게는 저마다 '퍼스널 컬러'가 있다. 퍼스널 컬러는 베이스 컬러(base color)를 기본으로 색채 유형에 따라서 베스트 컬러(best color), 베이직 컬러(basic color), 워스트 컬러(worst color)로 구분되며 이러한 컬러는 자신의 피부 색, 눈동자 색 그리고 머리카락 색에 따라 계절유형에 맞게 분석되어 결정된다. 이는 선천적으로 타고난 색 즉, 변하지 않는 퍼스널 컬러로 자신의 신체 피부색에 따라 어울리는 사계절 컬러(four seasons color)를 기준으로 이미지 연출을 하는 것이다.

3) 퍼스널 컬러진단 분석(PCS : Personal Color System)

PCS 퍼스널 컬러 진단시스템이란 개인이 가지고 있는 고유의 색을 분석하여 어울리는 색을 진단하는 방법으로 신체의 고유색상인 피부색, 눈동자 색, 머리카락 색, 두피 색, 손목안쪽 색의 신체 피부색과 자연의 색인 사계절 색을 비교 분석하는 것이다. 퍼스널 컬러는 퍼스널 베이스 컬러(Personal Base Color)를 바탕으로 사계절 컬러 유형(FSCT : Four Seasonal Coloring Type)에 따라 베스트 컬러(Best Color), 베이직 컬러(Basic Color), 워스트 컬러(Worst color)로 구분한다. PCS 퍼스널컬러진단 시스템은 어울리는 컬러와 좋아하는 컬러를 구분하고 신체리듬의 필요한 컬러와 힐링 컬러(healing color)를 제시하여 패션, 뷰티, 인테리어, 디자인 등의 모든 생활환경에 연출 활용하는 시스템이다.

4) 컬러진단의 결정 요인

(1) 피부색

사람의 피부색은 인종이나 지역, 연령, 성별 등에 따라 각기 다르며, 건강상태나 스트레스 정도에 의해서 변화된다. 피부색은 태어날 때부터 갖는 고유색으로 헤모글로빈(Hemoglobin)에 의해 적색, 카로틴(Carotin)에 의해 황색, 멜라닌(Melanin)에 의한 갈색이라는 세 가지의 색소로 만들어졌고, 각각의 색소가 피부 중에 얼마나 분포하는가에 따라 그 사람의 피부색이 결정된다.

(2) 머리카락 색

머리카락의 색은 인종에 따라 여러 가지 색이 있지만 멜라닌 색소의 분포 및 양에 따라 흑색, 적색, 금발 등의 다양한 모발색상이 결정된다. 흰머리는 색을 나타낼 수 없는 머리색이지만, 모래 빛 갈색 머리는 붉은 색, 갈색, 검정색 색소의 혼합에 의한 것이고, 붉은 머리의 색상은 붉은 색소와 검정 색소에 의해 나타나며, 금발머리는 붉은 색소와 노란색소의 혼합된 색이다.

(3) 눈동자 색

눈동자의 색은 홍채의 색을 말하며 한국인의 눈동자 색은 대개 흑갈색으로 보인다. 눈의 멜라닌 색소를 판별하는 부위는 홍채로 색소 양의 차이에 따라 색조가 변한다. 대부분 색소가 홍채의 앞면에 많으면 푸른색, 녹색, 회색을 띠게 되고, 혈관 속의 피가 비치는 경우는 보라색의 눈동자이다.

(4) 뒷머리 두피 색

뒷머리 피부색은 햇빛에 거의 노출되지 않아서 두피 색을 보는 것이 거의 정확하다. 노르스름한 빛이 나면 봄, 흰빛이 나면 여름, 황색 빛이 나면 가을, 푸른빛이 나면 겨울에 속한다.

(5) 손목 안쪽 색

손목안쪽 색은 자외선을 덜 받는 부위로 정확히 판단하려면 다른 사람의 손목과 비교하면 좋다. 손목의 색상이 푸르고 흰빛이 감돌면 겨울에 속하고, 흰빛이 감돌면 여름, 갈색 빛이 나면 가을, 노르스름한 빛이 나면 봄에 속한다.

5) 컬러 진단 방법

컬러 진단은 드레이핑(Draping) 과정을 통해 개인의 피부색 변화와 얼굴형태 변화를 관찰하고 분석하여 어울리는 색을 진단하는 것이다. 진단은 4차에 걸쳐하며, 1차는 색채환경 분석, 2차는 신체색상 유형분석, 3차는 사계절 유형분석, 4차는 개인색채분석단계이다.

6) 사계절 컬러 이미지

사계절 유형요인의 첫 번째는 색상(Hue)으로 따뜻함(Warm)과 차가움(Cool)으로 구분하고, 다시 따뜻함은 봄과 가을 유형, 차가움은 여름과 겨울로 구분한다. 두 번째는 톤(Tone)으로 소프트(Soft)와 하드(Hard)로 구분하고, 다시 소프트는 봄과 여름, 하드는 가을과 겨울로 구분된다.

- 봄은 따뜻함, 밝음, 부드러움, 선명한 색.
- 여름은 차가움, 밝음, 부드러움, 흐린 색.
- 가을은 따뜻함, 딱딱함, 어두움, 흐린 색.
- 겨울은 차가움, 딱딱함, 어두움, 선명한 색.

실전 그려보기 1

실전 그려보기 2

실전 그려보기 3

CHAPTER 02

기초 메이크업

1 메이크업 도구의 종류와 기능

1) 스펀지(Sponge)

메이크업 베이스나 파운데이션을 바를 때 사용하는 도구이다. 얼굴 부위에 따라 적합한 스펀지를 사용하면 메이크업 베이스나 파운데이션이 깨끗하게 잘 스며들게 할 뿐만 아니라 뭉치지 않게 고루 펴주는 역할을 하게 한다. 손으로 바르는 것보다 위생적이고 모델의 피부에 닿았을 때 불쾌감과 손의 자국이 생기는 것을 방지해준다. 수분에 적셔서 사용하면 피부에 자극이 없고 밀착력과 커버력을 높인다.

(1) 라텍스 스펀지

천연 생고무를 주원료로 만들어졌으며 더러워지면 세척하는 것보다 가위로 잘라서 사용한다.

(2) 합성 스펀지

인조 원료로 만들어져 유분의 흡수력은 떨어지나 탄력성이 좋다. 형태 보존력이 우수하고 저렴하므로 쉽게 구입할 수 있다. 사용 후에는 비눗물로 세척해서 사용하며 용도에 따라 수분, 건조 상태 모두 가능하다.

(3) 해면 스펀지

천연 스펀지로 물에 담그면 부드러워져 팬케이크 사용 시 편리하다. 라텍스 스펀지 보다 피부 자극이 적으며 피부정돈 및 세척 시에도 많이 사용한다.

2) 퍼프(Powder Puff)

파우더를 눌러 바를 때 사용하며 우단의 재질로 만들어졌다. 브러시로 바르는 것보다 효과적이며, 적당량의 파우더를 퍼프로 바를 경우 뭉치거나 얼룩짐을 방지하며 유분기를 제거한다. 물에 세척하여도 장시간 형태와 품질을 유지한다. 또한 메이크업 시 얼굴에 손자국을 방지하는 받침대 역할을 해준다.

3) 눈썹 가위(Eyebrow Scissors)

눈썹수정 시 눈썹모양을 정한 후 그 형태에 맞는 길이, 모양 등을 만들 때 사용하는 것으로 날이 샤프해야 세밀하게 자를 수 있다. 알코올에 소독하여 위생적으로 사용하도록 한다.

4) 눈썹 칼(Eyebrow Knife)

눈썹수정 시에 사용한다. 불필요하게 난 눈썹과 잔털을 털의 반대방향으로 제거한다.

5) 눈썹용 핀셋(Eyebrow Tweezer)

족집게라고 부르며, 눈썹수정 시 지저분한 잔털을 뽑을 때 사용하며 인조속눈썹을 붙일 때도 사용한다. 는썹결과 같은 방향으로 뽑아야 자극이 적다.

6) 아이래쉬 컬(Eyelash Curler)

아름다운 눈매를 위해 속눈썹을 올려줄 때 사용하는 도구로 눈을 크고 선명하게 보이는 효과를 준다. 속눈썹이 꺾이지 않도록 3회 정도 나누어서 눌러주면 아름다운 컬을 만들 수 있다.

7) 인조속눈썹(Eyelash)

아름다운 눈매를 위해 속눈썹을 풍성하게 보이게 하는 방법으로 메이크업의 특성에 맞춰 모양이나 컬러를 선택하여 너무 인위적이지 않도록 눈매에 맞춰 잘라서 사용한다.

8) 스파출라(Spatula)

용기에 든 제품을 덜어 쓸 때와 섞어 쓸 때 사용된다. 분장 시에도 많이 사용하는 도구이다.

9) 팔레트(Palette)

파운데이션이나 립스틱을 색상별로 담아놓고 섞어 사용하기도 한다. 손등에서 재료를 혼합하면 시술자의 피부색에 따라 정확한 컬러 진단이 되지 않으므로 팔레트를 사용하는 것이 오차 범위를 줄일 수 있으며 위생적이다.

10) 연필깍기(Pencil Sharper)

펜슬제품을 사용할 때 끝부분이 무뎌진 펜슬을 깎는 데에 사용된다.

11) 면봉(Cotton Tip)

아이브로우나 아이섀도우, 아이라인, 립라인 등 세밀한 부분의 수정을 할 때 사용한다.

12) 솜(Cotten ball)과 티슈(Tissue Paper)

메이크업을 지울 때와 스킨, 로션 등을 바를 때 사용한다.

13) 브러시(Brush)

메이크업할 때 사용되는 도구가 브러시이며 사이즈에 따라 다양한 색조 표현을 할 수 있다. 좋은 브러시를 고르기 위해 브러시의 탄력이 있는지 살펴보아야 하며, 손으로 잡았을 때 털이 빠지지 않게 마무리 잘 처리된 것을 골라야 한다.

브러시의 털 종류에는 담비, 오소리, 족제비, 합성섬유 등 여러 가지가 있는데 중요한 것은 인조모보다 천연모로 만들어진 것이 메이크업 시 피부 자극이 덜하고 탄력이 좋으며 장기간 사용해도 형태 변형이 적다.

(1) 팬 브러시(Fan Brush)

부채꼴 모양으로 생겼으며 빳빳한 오소리 털로 된 것이 좋다. 파우더나 아이섀도우를 바른 후 눈 밑, 코 밑, 입가 등 세심하고 좁은 부위에 묻은 파우더를 털어낼 때 사용한다.

(2) 파우더 브러시(Powder Brush)

파우더나 압축된 파우더를 얼굴 전체에 가볍게 바를 때와 파우더를 털어낼 때, 메이크업을 마친 후 피니시 파우더를 바를 때 사용한다. 메이크업 브러시 중 가장 크고 털이 많으며 끝이 둥글고 부드러운 천연모가 좋다.

(3) 치크 브러시(Cheek Brush)

파우더 브러시보다 조금 작은 사이즈의 모양으로 넓은 면은 자연스럽게 펴바르는 역할을 한다. 얼굴의 윤곽 수정이나 건강한 혈색을 표현할 때 사용하며 피부에 부담을 주지 않는 부드러운 천연 모로 만들어진 것이 좋다.

(4) 파운데이션 브러시(Foundation Brush)

파운데이션을 슬라이딩 기법으로 얇게 펴 바를 때 사용되는 도구이다. 얇고 윤기 있는 피부표현을 위해서 탄성이 좋고 적당한 길이의 파운데이션 브러시를 선택하는 것이 좋다.

(5) 스크루 브러시(Screw Brush)

눈썹에 묻어있는 파우더를 제거해 주며, 마스카라를 바른 후 뭉쳐있는 속눈썹을 빗어준다. 눈썹색상이 진하게 그려졌을 때 가볍게 빗어주어 정리하고 털이 힘이 있는 것이 좋다.

(6) 아이브로우 브러시(Eyebrow Brush)

눈썹을 자연스럽게 그리고자 할 때 사용되는 브러시로 아이섀도우를 묻혀 눈썹을 그리는 용도이다. 털 부분이 비스듬하게 대각선으로 경사가 져 있으며 폭이 좁고 탄력성이 좋아야 한다.

(7) 아이브로우와 콤(Eyebrow & comb)

눈썹의 길이를 체크하거나 속눈썹 사이에 뭉친 마스카라를 빗어 자연스럽게 하는데 사용한다.

(8) 아이섀도우 브러시(Eye shadow Brush)

아이섀도우를 펴 바를 때 사용되며, 눈 부위를 자극하지 않는 부드럽고 탄력이 좋은 족제비 털이 좋다. 용도에 따라 베이스, 메인, 포인트 등이 있다.

(9) 팁 브러시(Tip Brush)

아이섀도우 스펀지라고도 부르며 아이섀도우 색을 선명하게 표현할 때 사용한다. 피부에 밀착도가 좋아 주름을 만들 수가 있으므로 힘을 강하게 주지 않고 사용해야 한다.

(10) 아이라이너 브러시(Eyeliner Brush)

브러시 중 가장 가늘고 숱이 적다. 끝이 갈라지지 않고 탄력이 있는 것이 섬세한 선을 그릴 때 좋다.

(11) 립 브러시(Lip Brush)

립스틱을 골고루 바르기 위해 사용하며 깔끔한 립 라인과 구각처리를 위하여 털끝이 모아져 있고 탄력과 힘이 있어야 한다.

(12) 브러시 사용법과 보관법

브러시는 피부에 직접 닿고 오래 사용되는 도구이므로 관리와 보관이 중요하다. 브러시 사용할 때마다 색조화장품의 잔여물을 브러시 결 방향대로 말끔히 털어내는 것이 좋다.

브러시를 세척할 경우는 미지근한 물에 중성세제나 샴푸를 풀어 가볍게 세척해주고 린스로 헹구어준다. 브러시를 마른타월로 물기를 제거한 후 끝을 가지런히 모아 모양이 흐트러지지 않게 그늘에서 말린다.

2 메이크업 제품의 종류와 기능

1) 메이크업 베이스(Make up Base)

메이크업 베이스는 피부 전체 톤을 균일하게 맞추어 피부의 얼룩이 없도록 하고 파운데이션 바르기 전에 발라주어 파운데이션의 효과를 상승시켜준다. 너무 많은 양을 바르면 파운데이션이 밀리고 들뜨거나 번들거리므로 전체적으로 적당량 골고루 발라야 한다.

(1) 메이크업 베이스의 기능

① 파운데이션과 색조 화장품으로부터 피부를 보호해준다.
② 파운데이션의 퍼짐성과 밀착력을 좋게 하므로 지속력을 높여준다.
③ 피부색을 보완해 준다.
④ 자외선으로부터 피부를 보호한다.
⑤ 피부의 번들거림을 방지한다.

(2) 메이크업 베이스의 종류

종 류	기 능
리퀴드 타입	일반적으로 가장 많이 사용하는 유형으로 가벼운 화장을 할 때나 지성피부에 적합
크림 타입	피부를 두껍게 커버하고자 할 때나 건성피부에 적합
에센스 타입	건조해지기 쉬운 피부에 보습성분을 줄 수 있으므로 건성피부나 가을, 겨울에 적합
컨트롤 타입	촉촉하면서 커버력이 강하므로 잡티가 많은 피부에 적합

(3) 메이크업 베이스의 색상별 분류

종 류	기 능
그린	붉은 피부 톤을 정리하고 잡티가 많은 피부에 적합
블루	얼굴의 붉은 기를 중화시켜 피부를 희게 표현할 때 적합
핑크	혈색이 없고 창백한 피부에 적합
보라	노란 피부를 중화시켜 화사한 피부 표현에 적합
흰	피부색을 조절 없이 그대로 표현할 때 적합
옐로우	까무잡잡한 피부를 중화시키는데 적합
오렌지	썬텐 피부를 건강하게 표현할 때 적합

2) 프라이머(Primer)

매끈하고 투명한 도자기 같은 피부표현이 유행하면서 프라이머라는 언더 베이스가 등장하였다. 메이크업 베이스가 피부의 색상을 컨트롤하는 것이라면 프라이머는 피부의 결을 컨트롤하여 매끄러운 피부를 표현하는 것이다.

(1) 프라이머의 기능

① 실리콘오일이나 실리콘 유도체를 함유하고 있다.
② 피부의 모공과 잔주름 등으로 인한 미세한 굴곡을 잡아준다.
③ 과다한 피지의 분비를 막아 매끄러운 피부를 연출해 준다.

(2) 프라이머의 종류

종 류	기 능
젤 타입	수분감이 많아 건성피부에 적합
로션 타입	자외선차단기능이 있고 모든 피부에 적합
실리콘 타입	모공을 막는 기능이 탁월해 땀이나 피지분비가 많은 지성피부에 적합
아이프라이머	눈가 전용 프리이머로 눈 주위의 잔주름과 화장이 번지는 것을 막아주는데 적합

3) 컨실러(Concealer)

잡티와 결점을 자연스럽게 커버해주어 화사하고 깨끗한 피부로 연출하며, 파운데이션 바르기 전이나 후에 두드리듯 펴 바른다.

(1) 컨실러의 기능

① 눈 밑의 다크 서클, 기미나 주근깨 등 피부의 결점을 커버한다.
② 피부 톤 보다 1~2톤 밝은 것을 사용한다.
③ 파운데이션과 밀착력이 좋아 자연스럽게 커버한다.

(2) 컨실러의 종류

종 류	기 능
리퀴드 타입	수분 함량이 많고 엷게 표현되므로 자연스러운 피부 표현에 적합
크림 타입	쉽게 퍼지고 유연하여 건성피부에 적합
스틱 타입	커버력이 우수하여 붉은 반점이나 뾰루지 등을 커버하는데 사용하며 포토 및 영상, 무대 메이크업 시 사용하기 적합
펜슬 타입	결점 부위가 작고 결점의 강도가 강하여 그 부분만을 커버할 때 적합

4) 파운데이션(Foundation)

파운데이션은 피부톤과 질감을 조절하여 아름다운 피부표현을 해주며, 피부를 덮는 것이 아니라 파운데이션을 통해 피부가 새어나오도록 화사하게 표현한다.

(1) 파운데이션의 기능

① 피부색을 일정하게 조절해 주며 자연스러운 피부를 표현한다.
② 피부의 결점을 커버해 주므로 포인트 메이크업이 돋보이게 한다.
③ 얼굴의 윤곽을 수정하여 입체감을 연출한다.
④ 자외선이나 공해, 온도변화, 바람 등으로부터 피부를 보호한다.

(2) 파운데이션의 종류

종 류	기 능
무스 파운데이션	거품 타입으로 커버력이 약하며 베이스 화장을 거의하지 않은 듯한 가벼운 느낌을 주는 제품. 커버력이 약하여 깨끗한 피부에 적합
리퀴드 파운데이션	수분함량이 많고 커버력이 약해서 사회 초년생이나 여름철과 지성피부에 사용하기 적합
크림 파운데이션	적당한 유분과 커버력이 있어 중년층과 유분이 많아 사용감이 부드럽고 건성피부에 많이 사용. 계절적으로 가을, 겨울에 사용하기 적합
스킨 커버	잡티가 많아서 완벽한 커버를 필요로 하는 경우 사용. 커버력이 강한 만큼 피부에 부담감을 줄 수 있다. 결점이 많은 피부나 건성피부에 적합
스틱 파운데이션	고체화된 제품으로 커버력이 강하고 지속력이 우수하여 전문가용으로 사용하며 클렌징에 신경을 써야 한다.
파우더 파운데이션	파우더 분말을 압축시킨 매트 한 타입의 파운데이션으로 휴대가 스피드한 메이크업에 적합
투웨이 케이크	자외선 차단 및 커버력이 우수하고 스피드한 메이크업이 가능. 자외선이 강한 봄과 여름, 지성피부에 적합
팬케이크	방수성과 지속력이 매우 우수하며 물과 함께 사용

(3) 파운데이션의 3컬러

색 상	기 능
베이스 컬러 (Base Color)	얼굴 전체 펴 바르는 컬러로 모델의 피부색과 거의 같거나 한 단계 밝은 것을 선택한다. (주로 귀 뒤나 목덜미에 컬러를 테스트한다.)
섀딩 컬러 (Shading Color)	베이스 컬러보다 1~2단계 어두운 컬러로 각진 턱, 넓은 이마, 코의 측면 등에 사용하여 수축, 후퇴, 축소되어 보이는 효과를 준다.
하이라이트 컬러 (High Color)	베이스 컬러보다 1~2단계 밝은 컬러로 T존 부위, 눈 밑, 턱(입술 밑), 야윈 뺨 등에 사용하여 팽창, 전진, 확대되어 보이는 효과를 준다.

5) 페이스 파우더(Face Powder)

파우더는 파운데이션의 유분기 제거와 난반사 효과를 지니므로 파운데이션 위에 누르듯이 발라서 메이크업의 지속력을 더해준다.

(1) 파우더의 기능

① 파운데이션의 유분기를 제거하여 메이크업의 지속성을 높여준다.
② 포인트 메이크업을 돋보이게 한다.
③ 차분하고 자연스러운 피부색을 표현한다.
④ 난반사의 효과를 지니므로 자외선으로부터 피부를 보호한다.

(2) 파우더의 종류

종 류	기 능
콤팩트 파우더 (Compact Powder)	고형 파우더로 사용이 간편하여 외출 시 수정용으로 많이 사용
루즈 파우더 (Loose Powder)	파운데이션의 유분기를 제거하고 지속성을 유지시켜주며, 자외선 차단 효과가 있으며 자연스러운 피부표현에 사용
펄 파우더 (Pearl Powder)	펄이 섞인 제품으로 글로시나 쉬머 메이크업에 사용
스타 파우더 (Star Powder)	입자크기에 따라 다양하게 사용되며 펄 파우더 보다 더 화려한 분위기를 연출할 때 부분적으로 사용
피니시 파우더 (Finish Powder)	펄이 들어간 색색의 알갱이로 된 것이 많으며 메이크업의 마무리용으로 사용

(3) 파우더의 색상별 분류

색 상	기 능
투명 파우더	자연스러운 피부표현 시 사용되며, 파운데이션의 색상을 그대로 나타난다.
그린 파우더	피부의 붉은 기를 중화시켜 준다.
퍼플 파우더	화사한 분위기를 연출하므로 파티메이크업에 많이 사용하고 피부톤이 칙칙해 보일 때 마무리 단계에서도 사용한다.
핑크 파우더	창백한 피부에 혈색을 부여하고 화사한 느낌을 준다.
오렌지색 파우더	까무잡잡한 피부에 사용하고 방송용 메이크업이나 사진 촬영 시 사용하면 얼굴 윤곽이 차분해 보이는 효과가 있다.
옐로우 파우더	검은 피부를 중화시켜 적합하다.
화이트 파우더	주로 하이라이트에 사용하며 분장 시에도 사용한다.

6) 아이브로우(Eyebrow)

사람들의 얼굴 중에서 눈썹은 사람의 인상을 좌우하는데 영향을 미칠 만큼 중요한 부분이다. 눈썹의 형태와 색상, 숱의 많고 적음, 길이에 따라 다양한 이미지를 줄 수 있다.

(1) 아이브로우의 기능

① 얼굴형이나 눈매를 보완해 준다.
② 얼굴의 인상을 결정짓는다.
③ 이미지 변화와 개성을 표출한다.

(2) 아이브로우의 종류

종 류	기 능
펜슬타입	휴대하기 간편하고 사용이 편리하지만 인위적이다.
케이크타입	브러시를 이용하여 자연스럽게 눈썹이 표현된다. 눈썹이 많을 경우 빈곳에만 메워주듯 마무리한다.
에보니타입	섬세하며 지속력이 좋으며 사용 후 아이섀도우를 덧발라 자연스럽게 마무리한다.

(3) 아이브로우의 색상별 분류

색 상	기 능
블랙	헤어컬러가 블랙이거나 피부가 흰 사람에게 어울리며 한복 메이크업 시 사용
그레이	안정, 자연스러움, 침착하면서 시크해 보이나 나이가 들어 보일 수 있으므로 주의
브라운	우아, 세련, 지적인 느낌

7) 아이섀도우(Eye shadow)

얼굴 부위 중 메이크업의 색상과 질감 표현이 가장 자유스럽게 연출되는 부위이며 개성을 가장 잘 나타낼 수 있는 곳이기도 하다. 아이섀도우를 사용할 때는 피부색과 눈동자색 뿐만 아니라 의상의 색상, 헤어스타일 등 이미지에 맞게 사용하는 것이 좋다.

(1) 아이섀도우의 목적

① 눈에 색감과 음영을 주어 입체감을 강조해 준다.
② 자유로운 색의 표현으로 다양한 분위기를 연출한다.
③ 색의 대비효과를 눈에 나타내어 표정 있는 눈매를 연출한다.
④ 눈매의 수정 역할을 한다.

(2) 아이섀도우의 종류

종 류	기 능
케이크 타입	가장 일반적으로 피부에 밀착감이 우수하다. 그라데이션이 용이하며 색을 혼합하기 좋고 색상이 매우 다양하다. 휴대하기 간편하다.
크림 타입	유분이 함유된 타입으로 부드럽고 잘 펴지며 장시간 메이크업 시 사용한다. 발색도 선명하고 지속력도 좋지만 뭉칠 우려가 있다.
파우더 타입	가루제품으로 요즘에는 펄이 섞인 제품이 유행하고 있으며 주로 하이라이트용으로 사용된다. 바디페인팅, 환타지 메이크업 시에 꼭 필요하다.
펜슬 타입	손쉽게 메이크업하고자 할 때 효과적이고, 발색력이 우수하며 휴대가 간편하다. 색상이 다양하지 못하며 뭉칠 우려가 있다.

(3) 아이섀도우의 색상별 분류

색 상	기 능
핑크계열	소녀다움과 어려보이는 느낌이 강조되며, 흰 피부에 적합하다.
오렌지계열	따뜻한 느낌을 주며 밝고 경쾌하고 건강한이미지를 준다. 썬텐한 듯한 약간 검은 피부에 적합하다.
블루계열	시원하고 차가운 느낌을 주며 젊고 깨끗한 이미지를 준다. 여름 메이크업에 많이 사용된다.
그린계열	젊고 생기 있어 보이며 신선한 느낌을 준다. 봄 메이크업에 포인트 색으로 많이 사용된다.
바이올렛계열	귀족적이며 우아한 여성미가 강조되며, 흰 피부에 잘 어울리고 파티 메이크업에도 많이 사용된다.
브라운계열	입체감을 살리는데 사용, 자연스럽고 차분한 느낌의 색으로 어느 피부에나 적합하다.
회색계열	흰 피부에 잘 어울리고 시크한 느낌을 준다. 스모키 메이크업에 많이 사용된다.

8) 아이라이너(Eye Liner)

아이라이너는 선의 길이와 두께로 눈매를 변화시키는 역할을 하는데 속눈썹 라인을 따라 원하는 두께의 선을 그린다.

(1) 아이라이너의 목적

① 눈매를 보다 선명하고, 또렷하게 연출해 준다.
② 눈 모양을 수정보완효과가 있다.
③ 속눈썹을 길어 보이게 한다.(마스카라의 효과 상승)

(2) 아이라이너의 종류

종 류	기 능
펜슬 타입 (Pencil Type)	그리기 쉬우므로 초보자에 적합하고 자연스러운 메이크업을 할 때 사용. 수정이 용이하나 정교한 라인 연출이 어렵고 지속력이 떨어지며 쉽게 지워지거나 잘 번진다.
리퀴드 타입 (Liquid Type)	번짐 없이 섬세한 눈매를 만들 수 있고 내수성, 방수성이 강하다. 일단 그리고 나면 수정이 어렵고, 강하게 표현되며 고도의 테크닉이 요구된다.
케이크 타입 (Cake Type)	물에 섞어서 그리는 것으로 선명하고 번들거림이 없으며 잘 번지지 않는다.
젤 타입 (Jell Type)	크림 타입으로 브러시를 이용하여 쉽게 눈매를 연출할 수 있다. 건조가 빠르고 번지지 않으며, 내수성이 있어 지속력이 좋다.
아이섀도우 타입 (Eye Shadow Type)	가장 자연스럽게 표현되며, 브라운, 블랙 등 다양한 컬러로 라인을 연출할 수 있다.

9) 마스카라(Mascara)

마스카라는 속눈썹을 더욱 길고 풍성하게 만들어 또렷한 눈매를 연출하고 요즘 다양한 기능과 색상의 제품들이 출시되고 있다.

(1) 마스카라의 목적

① 속눈썹이 길고 진하며 풍성하게 보인다.
② 눈이 크고 눈매를 깊이 있게 연출한다.

(2) 마스카라의 종류

종 류	기 능
컬링 마스카라 (Curling Mascara)	부착력과 강도가 뛰어나고 속눈썹을 올려 주는 효과가 뛰어나다.
볼륨 마스카라 (Volume Mascara)	속눈썹을 더욱 풍성하게 해주므로 숱이 적은 사람에게 효과가 있다.
롱래시 마스카라 (Lon-lash Mascara)	섬유질이 들어 있어 속눈썹이 길어 보이는 효과가 있다.
워터프루프 마스카라 (Waterproof Mascara)	건조가 빠르며 내수성이 좋아 여름철이나 눈 주위가 쉽게 번지는 사람이 사용하면 효과적이다. 클렌징 시 오일클린저를 사용하는 것이 좋다.

(3) 마스카라의 색상별 분류

종 류	기 능
블랙	선명하고 깊은 눈매를 연출하며 가장 많이 쓰는 색이다.
브라운	이미지가 강한 눈을 부드러운 눈매로 연출
블루	아이섀도우와 매치해서 사용하며 시원해보이게 여름철에 많이 사용
바이올렛	우아하고 화려한 여성미를 나타낼 때 아이섀도우와 매치해서 사용
투명	속눈썹이 많은 사람에게 정리 정돈시키는 목적으로 사용

10) 립 메이크업(Lip Make up)

립 메이크업은 이미지를 결정하는데 중요한 부분으로 색, 질감, 형태, 그리는 방법에 따라 여러 가지 이미지를 연출할 수 있다. 피부, 아이섀도우, 의상을 충분히 고려하여 조화로운 립 색상을 선택한다.

(1) 립 메이크업의 목적

① 입술 모양을 수정 보완한다.
② 색상을 이용하여 음영을 강조하여 입체감을 준다.
③ 립스틱, 립글로스, 립밤 등의 제품이 있고 외부의 자극으로부터 입술을 보호한다.

(2) 립 메이크업의 종류

종 류	기 능
립스틱	스틱상태로 가장 일반적인 제품으로 사용이 편리하며 색상과 질감이 다양하다. 발색력이 뛰어나므로 립 브러시를 이용하여 입술모양을 수정하여 새로운 이미지를 연출
립글로스	입술을 촉촉하고 윤기 있게 해주는 역할을 하며, 립스틱 위에 덧발라 윤기 있는 느낌을 주며, 은은한 메이크업을 원할 때는 립글로스만 바른다.
립라이너	펜슬 형태로 입술 선을 선명하게 해주고 수정 시 사용한다. 립 메이크업이 번지지 않게 오래 지속시켜준다.
립밤	바세린 성분이 많이 들어있어 입술 케어용으로 많이 사용되고 있다.
립 브러시	샤프처럼 누르면 점액이 나오는 형태로서 사용감이 부드럽고 휴대가 간편하지만 번지기 쉽고 지속력이 떨어진다.

(3) 립 메이크업의 색상별 분류

색 상	기 능
핑크계열	귀여우며, 여성미, 청순미가 강조되어 보인다.
레드계열	강렬하고 정열적이고 화려해 보인다.
오렌지계열	건강하고 발랄함이 강조되어 보인다.
브라운계열	차분하고 자연스러우며 세련되어 보인다.
퍼플계열	우아하고 여성미가 강조되는 품위 있어 보인다

(4) 피부색에 따른 립 색상 선택요령

① **흰 피부인 경우**
흰 피부는 밝고 화사해서 어떤 색의 메이크업과도 잘 어울리지만 혈색이 없어 보일 수 있으므로 주의해야 한다. 핑크, 보라, 레드계열이 잘 어울린다.

② **노란 피부일 경우**
노란 피부는 동양인에게 많이 볼 수 있는 피부색으로 립 라인을 선명히 그려서 생기있게 연출해야 한다. 밝은 레드, 와인계열이 잘 어울린다.

③ **붉은 기가 있는 피부일 경우**
붉은 기가 있는 피부는 자칫 화장이 떠 보이고 흐트러져 보일 수 있으므로 피부표현에 신경을 써야 한다. 퍼플, 누드, 은은한 파스텔계열이 잘 어울린다.

④ **검은 피부일 경우**
검은 피부는 건강미가 넘쳐 보이며 차가운 색보다 따뜻한 색이 더 잘 어울린다. 오렌지, 다크브라운, 벽돌색 등이 무난하다.

⑤ **얼굴에 잡티가 많은 경우**
잡티가 많은 피부는 선명한 색을 바름으로서 시선이 입술로 모여 깨끗한 느낌의 피부를 표현한다. 다크레드, 다크브라운, 마젠타, 와인계열이 잘 어울린다.

11) 블러셔(Blusher)

블러셔는 건강하고 화사한 이미지를 결정하는데 중요한 역할을 하며, 색상 선택은 아이섀도우, 립 메이크업에 맞춘다.

(1) 블러셔의 목적

① 얼굴형 수정하여 개성있게 연출한다.
② 혈색을 주어서 건강하고 여성스러움을 강조한다.
③ 윤곽에 음영을 주어 입체감 있는 얼굴을 표현한다.

(2) 블러셔의 종류

종 류	기 능
케이크타입	파우더 압축형태로 색감 표현이 용이하고 혈색을 나타내거나 윤곽 수정으로 사용한다. 파우더 처리 후 브러시를 이용해서 터치한다.
크림타입	파우더 바르기 전에 사용하며 유분기가 있는 상태이므로 스폰지로 경계를 없애준다. 색상이 다양하지 못하다.

(3) 블러셔의 색상별 분류

종 류	기 능
핑크계열	귀여우며, 여성미, 청순미가 강조되어 보인다.
레드계열	강렬하고 정열적이고 화려해 보인다.
오렌지계열	건강하고 발랄함이 강조되어 보인다.
브라운계열	차분하고 자연스러우며 세련되어 보인다.
퍼플계열	우아하고 여성미가 강조되는 품위 있어 보인다.

CHAPTER

03 메이크업의 표현요소

❶ 색채(Color)

메이크업에 있어서 색채는 피부를 돋보이게 얼굴에 입체감을 부여하며 의상과 헤어스타일의 조화를 통하여 개성을 부각시키고 상황에 따른 메시지를 전달한다.

1) 농담

① **짙은 계열** : 강한 이미지
② **엷은 계열** : 순하고 부드러운 이미지

2) 계열

① **난색 계열** : 정적, 명랑, 부드럽고 여성스러운 이미지
② **한색 계열** : 동적, 지적, 차갑고 남성스러운 이미지

3) 조화

① **유사색 대비** : 자연스럽게 어울리는 색, 안정적이며 차분함
② **보색 대비** : 선명, 쾌활, 젊은 이미지

2 형태

선과 면을 합쳐져서 형태를 이룬다.

1) 선

① **상향선** : 생기 있어 보이지만 지나치게 차갑고 사나워 보인다.
② **하향선** : 부드러워 보이지만 우울해 보인다.
③ **수평선** : 정적인 느낌으로 무난하고 차분하지만 지루해 보인다.

2) 면

면을 입체감 있게 표현하기 위해서는 그라데이션이 중요하다. 얼굴 전체와 각 부분마다 하이라이트와 섀딩, 색상이 그라데이션이 이루어질 때 자연스런 표현을 할 수 있다.

3) 질감(Texture)

① **매트(Matt)**
광택이 없는 질감으로 보송보송한 느낌의 가볍고 우아하면서도 차가운 메이크업을 말한다. 파우더를 충분히 발라주어 딱딱한 느낌을 주며 펄이 들어있는 제품은 사용하지 않는다. 조명 아래서 장시간 있게 되는 신부메이크업, TV메이크업, 사진메이크업 등은 매트한 메이크업으로 표현해야 한다.

② **글로시(Glossy)**
피부에 촉촉한 유분기가 있어 광택이 나타나는 경우로 생동감이 있고 활동적인 이미지를 표현해 준다. 피부 타입에 맞춰 건조한 피부, 모공이 없는 피부에 표현하는 것이 좋다.

③ **펄(Pearl)**
펄이 들어 있는 화장품을 사용할 경우 펄이 주는 반짝임과 화사한 이미지를 표현하는데 메이크업으로 고급스럽고 감각적인 느낌을 표현할 수 있다.

4) 조명

모든 색과 형태는 조명의 종류, 비추는 각도, 조명의 밝기에 따라 달라진다. 메이크업 시 자연광에 의한 본래의 색 자체를 표현해 주는 것이 이상적이지만 특히 메이크업은 조명과 관련된 작업이 많으므로 조명에 의한 색의 변화를 고려해야 한다. 따라서 완성도 높은 메이크업을 위해서는 조명의 종류, 밝기, 위치 등을 파악하여 적절히 표현해 주는 것이 좋다.

(1) 조명의 종류

메이크업과 조명의 관계는 매우 중요하므로 잘 이해하여 자신이 원하는 색상과 효과를 얻어야 한다.

① **자연광** : 자연광에서 색은 가장 변화가 없다.
② **백열등** : 노란 기운이 도는 색을 띄고 있으며 백열등 아래에서는 레드, 베이지, 브라운, 핑크 같이 따뜻한 색상은 실제의 색보다 진하게 보인다.
③ **형광등** : 메이크업 시 색상이 선명하게 보이거나 왜곡시킨다. 레드색상은 바이올렛으로, 오렌지색상과 핑크색상은 잘 표현되지 않는 다. 흰색은 푸른빛이 돌고, 옐로우, 오렌지, 레드 같은 난색은 메이크업 시 강조해서 표현하는 것이 좋다. 베이지, 핑크는 칙칙해 보이며, 옅은 핑크는 거의 들어 나지 않는다.

(2) 조명의 위치

광원의 위치가 너무 높으면 턱밑이나 코밑에 그림자가 져서 보기에 안 좋으며, 너무 낮으면 배경에 그림자가 나오게 된다.

CHAPTER

04 얼굴의 균형도(Face Proportion)

1 얼굴의 균형도

얼굴 각 부분들 간의 이상적인 비율을 얼굴의 균형도라고 하며, 이는 조화와 균형에 대한 미적 관심을 인간의 얼굴에도 적용한 레오나르도 다빈치에 의해 완성된 이론으로 현대에도 그대로 적용하고 있다. 가장 아름답고 균형 잡힌 얼굴을 정확히 파악하고 모델의 장점을 살리며 결점을 수정하고 보완하여 좀 더 개성 있는 얼굴로 연출하는데 도움을 준다.

1) 가로분할(3등분)

얼굴 정면을 가로로 분할하면 헤어라인에서 눈썹까지, 눈썹에서 콧망울

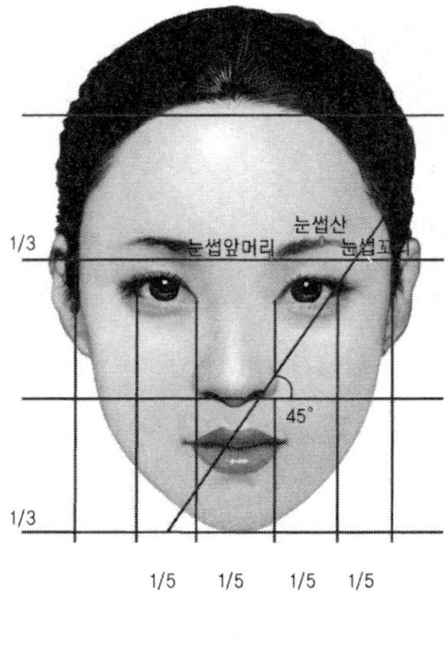

2) 세로분할(5등분)

얼굴 정면을 세로로 분할하면 헤어라인에서 눈꼬리까지, 눈꼬리에서 눈 앞머리까지, 눈 앞머리에서 반대 눈앞머리까지, 눈앞머리에서 눈꼬리

3) 세부적인 위치

① **눈썹의 위치** : 이상적인 눈썹의 위치는 이마에서 1/3되는 지점
② **눈썹의 길이** : 콧망울에서 수직으로 올린 눈썹 앞머리와 45° 각도로 올린 눈썹 꼬리를 연결한 길이
③ **눈머리의 위치** : 콧망울에서 수직으로 올린 선과 만나는 점
④ **눈과 눈 사이의 길이** : 눈의 가로길이와 같다.
⑤ **콧망울의 위치** : 이마의 2/3되는 지점에 위치
⑥ **콧망울의 넓이** : 입술넓이의 약 1/2정도의 크기가 적당
⑦ **입술** : 정면을 바라보고 눈동자 안쪽선의 연장선과 만나는 지점

2 얼굴 부위별 명칭

얼굴의 부위에 따라 피부의 특징이 다르며 그 부위에 따라 파운데이션 바르는 방법도 다르다.

(1) 헤어라인 존, 페이스라인 존

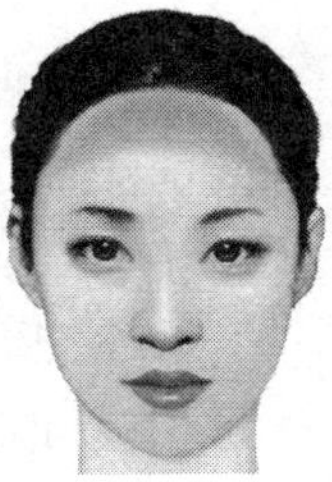

① 이마와 머리카락 난 경계부위, 턱 선 부위 경계가 지지 않도록 세심하게 그라데이션해 준다.
② 섀딩 컬러

(2) T존

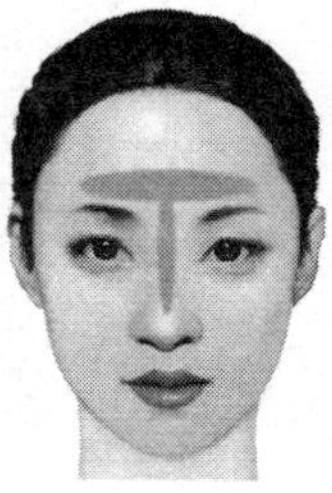

① 이마에서 콧대를 연결하는 부분
② 피지 분비가 활발하여 메이크업이 잘 지워지는 곳이다.
③ 하이라이트 컬러

(3) U(V)존

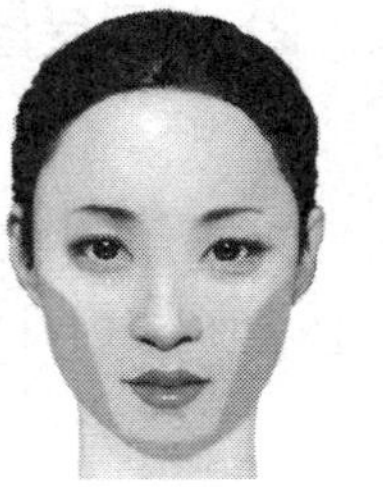

① 입 꼬리 주변에서 턱으로 연결되는 부위

② 섀딩 컬러

(4) S존

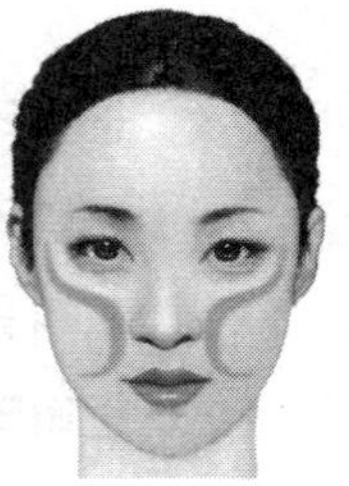

① 볼 부분

② 피부에 볼륨감이 있고 거친 부분도 많다. 움직임이 적어 화장이 쉽게 흐트러지지 않는다.

③ 베이스 컬러

(5) O존

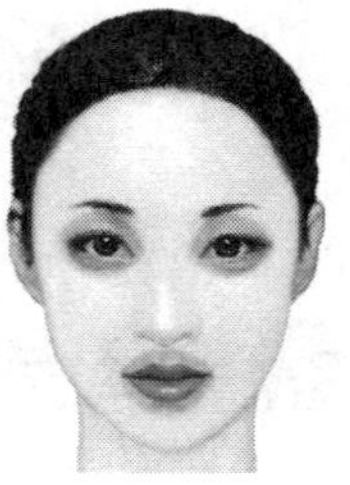

① 눈 주변과 입 주변

② 피하지방이 적어 주름이 쉽게 생기는 부분으로 두꺼운 피부 표현 시 부자연스럽고 무거워 보인다.

③ 하이라이트 컬러

(6) Y존

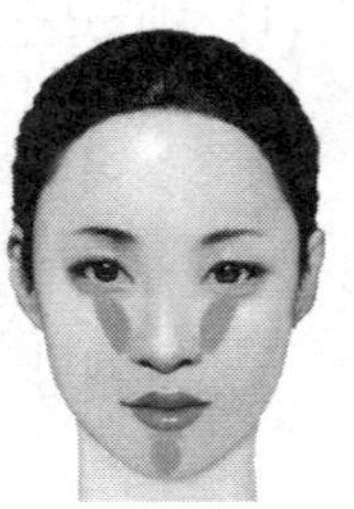

① 눈 밑과 광대뼈 위의 Y모양의 부위

② 기미나 주근깨가 가장 많이 분포되어 커버력이 요구된다.

③ 하이라이트 컬러

CHAPTER

05 베이스 메이크업 테크닉

1 메이크업 베이스 바르는 방법

기초화장 후 피부 톤에 어울리는 메이크업 베이스를 적당량 덜어 이마, 양볼에 펴 발라 피부 톤을 보정한다.

2 파운데이션 바르는 테크닉

① **파운데이션 묻히기** : 이마, 양 볼에 파운데이션을 적당량 찍어 놓는다.
② **펴 바르기** : 넓은 부위를 우선으로 안쪽에서 바깥쪽을 향해 슬라이딩 기법으로 골고루 바른다.
③ **턱 주변, 입술과 입술 주변 바르기** : 스펀지를 누르듯이 펴 바른다.
④ **코와 콧망울 주위 바르기** : 콧망울 양쪽 C커브를 세심히 바른다.
⑤ **잔머리 부분 바르기** : 헤어라인 끝부분에 경계가 생기지 않게 잘 바른다.
⑥ **눈 주변 바르기** : 쌍꺼풀주변은 파운데이션이 잘 발라지지 않으므로 엄지를 이용해 눈을 들어 꼼꼼히 바른다.
⑦ **밀착감 높이기** : 파운데이션을 잘 밀착시키기 위해 패팅(patting)기법으로 골고루 두드려 준다.

3 얼굴형에 맞는 윤곽수정

얼굴형에 따른 하이라이트와 섀딩으로 수정 보완할 수 있다.

얼굴형	하이라이트	섀딩	윤곽 수정
계란형	T존 부위	헤어라인	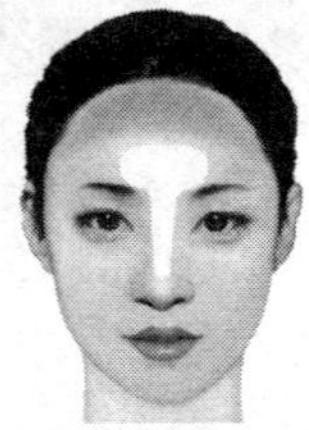
둥근형	T존 부위	양볼에 세로방향	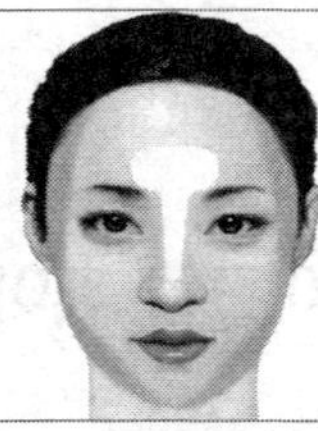
사각형	T존 부위	넓은 양 이마와 튀어나온 양턱	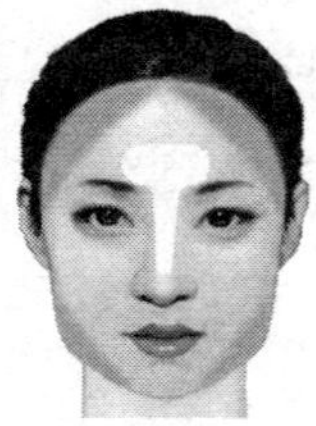
긴 형	양볼	이마와 턱끝	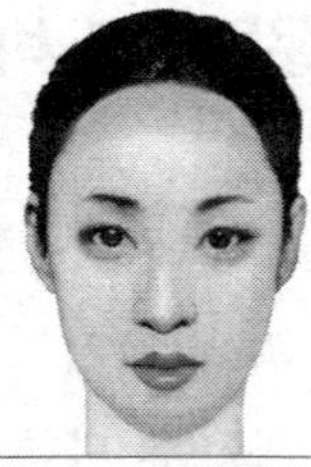
역삼각형	살이 없는 양볼	넓은 양 이마	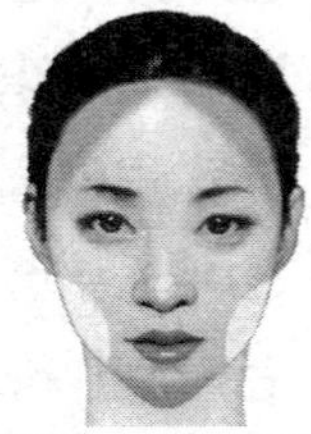
다이아몬드형	좁은 양 이마와 살이 없는 양볼	튀어나온 광대뼈와 뾰족한 턱끝	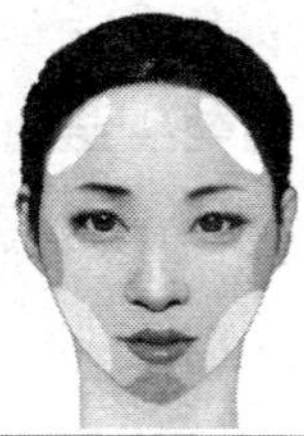

❹ 파우더 바르는 방법

1) 퍼프로 바를 때의 요령

① 퍼프 1개를 이용하여 용기 안의 파우더를 묻힌 다음, 또 다른 퍼프를 맞대어 가볍게 비벼주어 파우더 양을 조절한다.

② 피지 분비량이 많은 이마나 턱부터 시작하여 얼굴 외각부터 차츰 중심부로 가볍게 두드리며 발라준다.

③ 눈두덩, 눈꼬리, 눈 아랫부분, 코, 양옆 볼, 목과 턱의 경계까지 세심히 발라준다.

④ 얼굴에 남은 여분의 파우더를 팬 브러시로 털어낸다.

2) 브러시를 이용하여 바를 때의 요령

① 파우더 브러시를 용기 안에 넣어 파우더를 충분히 묻힌다.

② 얼굴의 넓은 부위부터 골고루 발라주며 부분적인 부위는 중간 브러시를 사용하여 세심히 발라준다.

③ 팬 브러시로 여분의 파우더를 털어 주며 퍼프로 바를 때보다 더 자연스럽고 투명한 피부 톤으로 표현된다.

CHAPTER

06 아이브로우 메이크업 테크닉

❶ 눈썹 수정 방법

① 아이 스크루 브러시를 이용하여 눈썹 털을 가지런히 정리한다.
② 머리속으로 모델의 얼굴형에 맞는 원하는 눈썹 형을 그린다.
③ 눈썹 밑에 나있는 불필요한 부분을 수정가위로 잘라낸다.
④ 불필요한 부분을 눈썹칼로 밀어 버린다.

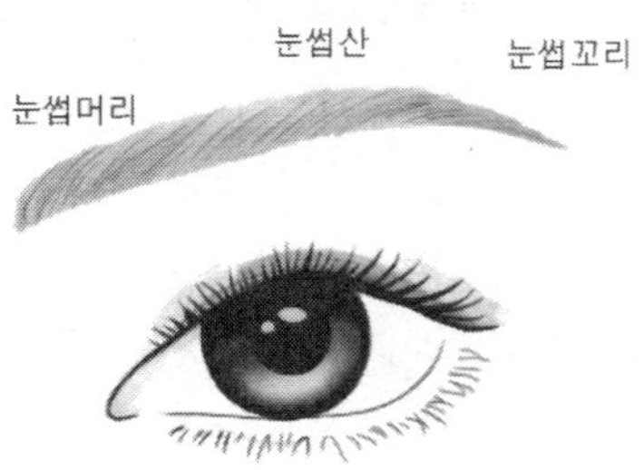

❷ 기본형 눈썹 그리는 방법

① 눈썹을 그리기 전 눈썹이 난 방향대로 브러시로 쓸어서 정리한 다음 모발색, 눈동자색에 맞춰 아이섀도우 색에 맞춰 선택한다.
② 눈썹 앞머리는 콧망울을 지나 수직으로 올려 만나는 곳에 위치하도록 정한다.
③ 눈썹 산의 위치는 눈썹길이를 3등분했을 경우 눈썹 길이의 2/3 지점에 위치한다.
④ 눈썹길이는 콧망울과 눈꼬리를 지나 45°의 각도로 연결해서 연장했을 때 만나는 지점에 정한다.
⑤ 눈썹길이는 눈길이 보다 길게 그린다.
⑥ 눈썹 앞머리와 눈썹 꼬리는 일직선상에 위치하여야 한다.
⑦ 눈썹 앞머리는 자연스럽게 하며 눈썹 꼬리 쪽으로 갈수록 진하게 그린다.

③ 얼굴형 따른 눈썹형

1) 기본형

가장 무난하며 눈썹산이 너무 각지지도 둥글지도 않은 형태로 모든 얼굴형에 잘 어울린다.

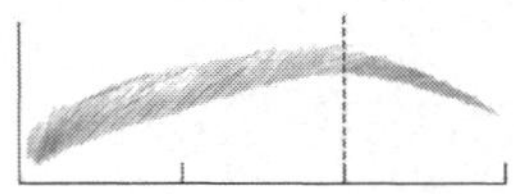

2) 일자형

눈썹머리와 눈썹꼬리가 거의 수평에 가까우며 긴 얼굴에 어울린다.

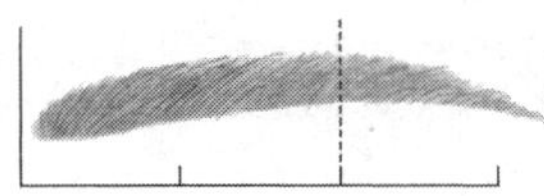

3) 상승형

개성있고 동적이며 경쾌한 느낌으로 둥근 얼굴이나 삼각형 얼굴에 잘 어울린다.

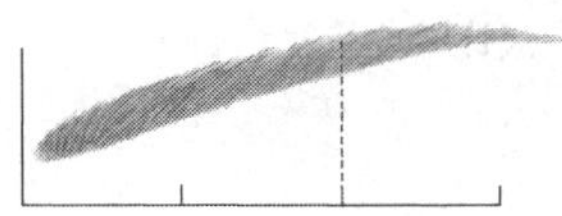

4) 아치형

여성적이며 우아한 느낌을 주며 각진 얼굴에 잘 어울린다.

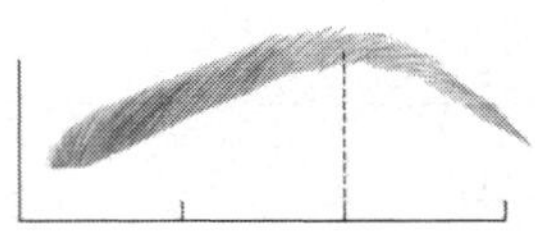

5) 각진형

지적이며 단정하며 현대적인 느낌으로 둥근형 얼굴에 잘 어울린다.

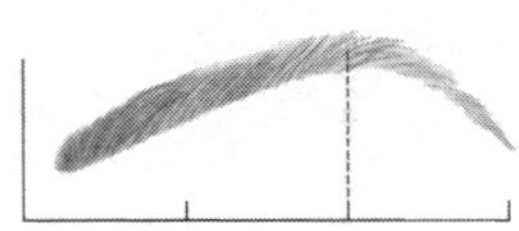

실전 그려보기

1)

2)

3)

4)

5)

CHAPTER 07

아이섀도우 메이크업 테크닉

1 아이섀도우

1) 아이섀도우 기본 컬러

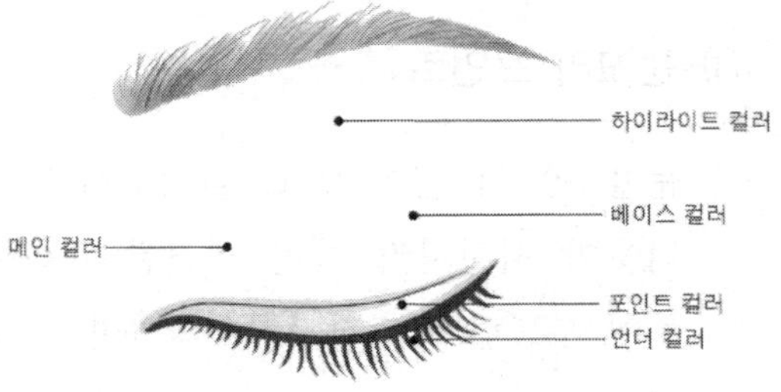

(1) 베이스 컬러

눈 전체에 도포하는 컬러로 포인트 컬러를 돋보이게 한다.

(2) 메인 컬러

눈매의 이미지를 결정하는 색으로 눈을 떴을 때 보이도록 하고 계절, 취향, 의상에 맞추어 컬러를 결정된다.

(3) 포인트 컬러

선명한 눈매를 표현하기 위해 짙은 계열로 쌍꺼풀 라인을 중심으로 바른다.

(4) 언더 컬러

메인 컬러 또는 포인트 컬러와 동일한 색으로 눈밑에 표현한다.

(5) 하이라이트 컬러

아이섀도우 색상 중 가장 밝은 명도로 어떤 부위의 돌출과 넓어 보이고자 하는 부위에 사용하고 눈썹 뼈 부위나 눈동자 중앙에 사용한다.

2) 아이섀도우 포인트에 따른 이미지

(1) 눈 앞머리 포인트

양미간이 넓은 사람이나 올라간 눈에 효과적이다. 평면적인 인상을 준다.

(2) 눈 중앙 포인트

검은 눈동자를 기준으로 그 이쪽에 포인트를 주는 방법으로 눈이 크고 둥글게 보인다. 눈매가 날카로운 사람에게 어울린다.

(3) 눈꼬리 포인트

눈을 좀 더 깊이 있고 길어보이게 한다. 눈꼬리를 끌어올리듯이 시선처리 하면 세련된 표현이 되고 눈꼬리를 감싸듯이 부드럽게 퍼진 듯 처리하면 온화하고 부드러운 표현이 된다.

(4) 일직선 포인트

눈의 쌍꺼풀 부분에 일직선으로 포인트를 주는 방법으로 원 포인트 메이크업과 내추럴메이크업에서 많이 사용한다.

(5) 아이홀 포인트

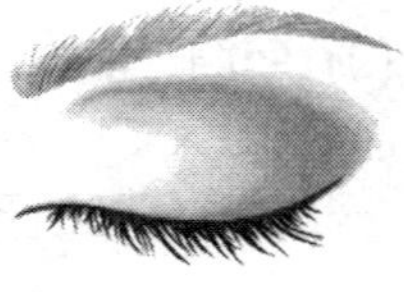

눈이 그윽하고 깊이 있어 보이며 시대 메이크업이나 무대 메이크업에 많이 쓰인다.

실전 그려보기

1) 가로 패턴

2) 세로 패턴

실전 그려보기

3) 홀 패턴

4) 다이아몬드 패턴

3) 눈 형태에 따른 아이섀도우 기법

(1) 알맞은 눈

어떤 형태의 테크닉도 어울리며 의상 색, 이미지, 계절, 연령에 맞는 섀도 컬러를 선택하여 표현한다.

(2) 큰 눈

큰 눈을 자연스럽게 보이도록 연한 색으로 부드럽게 그라데이션 하고 포인트 색을 강하게 처리하지 않는 것이 좋다.

(3) 작은 눈

눈 앞머리에서 꼬리까지 라인 중심으로 어두운색 위주로 하여 바르고 눈꺼풀로 갈수록 옅은 색으로 그라데이션 한다.

(4) 눈두덩이 나온 눈

붉은 계열과 펄감이 있는 아이섀도우는 피하고 딥 톤의 그레이나 브라운계열로 눈꺼풀 전체를 자연스럽게 펴 바른 후 포인트 컬러를 선명하게 선을 긋듯 터치하여 눈매를 강조한다.

(5) 움푹 들어간 눈

따뜻한 색, 펄감이 있는 색이나 밝은 색을 눈꺼풀에 펴주며 포인트 색도 밝은 계열을 사용한다.

(6) 처진 눈

눈꼬리에서 사선방향으로 올려 아이섀도우 컬러를 폭넓게 바르고 눈꼬리 밑도 색이 너무 진하지 않도록 올려서 그라데이션해 준다.

(7) 올라간 눈

눈 앞머리와 눈꼬리 밑 부분에 아이섀도우의 포인트를 주고 특히 언더라인의 눈꼬리부분에 섀도를 넓게 펴 발라 부드럽게 내려가 보이도록 한다.

(8) 눈과 눈 사이가 먼 눈

눈 앞머리 부분에 포인트를 주어서 눈과 눈 사이의 간격이 좁아보이도록 한다.

(9) 눈과 눈 사이가 가까운 눈

눈꼬리 쪽으로 포인트를 주어 눈과 눈 사이가 멀어보이도록 한다.

(10) 짝눈

양쪽 눈 중 어느 눈에 메이크업을 했을 때 아름다운 눈인가를 판단하고 그 눈을 중심으로 예쁘지 않은 눈에 색의 강약으로 수정하여 균형을 맞춘다.

2 아이라인

1) 아이라인 그리는 방법

① 눈을 뜨고 앞을 보게 하여 눈꺼풀의 위치를 확인한다.
② 모델의 시선은 무릎을 보게 한 뒤 눈 모양을 따라 중간 → 눈꼬리를 향해 그려준다.
③ 눈 앞머리 → 중앙 → 꼬리를 향해 그리면서 덜 그려진 부분을 메운 다음 3/4 지점을 지나면서 1~2mm 끌어올리면서 본래의 길이보다 1~2mm 길게 그린다.
④ 내추럴한 느낌의 아이라인을 그리고자 할 때는 속눈썹 사이를 채우는 방법으로 그려주면 자연스럽고 은은하다.

2) 눈 형태에 따른 아이라인 기법

(1) 쌍꺼풀 눈

눈매를 최대한 속눈썹에 가까이 가늘게 그린다.

(2) 쌍꺼풀이 없는 눈

눈을 떴을 때 살짝 라인이 보이도록 두껍게 그린다.

(3) 처진 눈

눈 앞머리는 자연스럽게 그리다 눈꼬리로 갈수록 치켜 올려 그린다.

(4) 올라간 눈

눈 앞머리는 두껍게 그리고 눈꼬리부분은 얇고 처지게 그리면서 언더라인은 눈 앞머리와 수평이 되도록 짙게 그린다.

(5) 움푹 들어간 눈

아이라인을 자연스럽게 그리되 눈꼬리부분을 약간 올려서 그린다.

(6) 부은 눈

눈 앞머리부터 눈꼬리까지 전체적으로 라인을 그리되 윗 라인의 눈꼬리와 언더라인을 약간 진하고 굵게 그린다.

(7) 작은 눈

위아래 라인이 눈꼬리에서 만나면 눈길이가 더욱 짧아보이므로 만나지 않게 직선으로 빼주듯 그리면 훨씬 커 보인다.

(8) 크고 둥근 눈

아이라인의 중간 부분은 생략하고 눈앞머리와 눈꼬리부분만 그린다.

3) 아이래쉬 컬

[아이래쉬 컬 사용법]

① 모델의 시선은 무릎을 보게 한 뒤 속 눈썹에 아이래쉬 컬을 갖다 댄다.
② 눈꺼풀을 집히지 않도록 하여 속눈썹 뿌리 → 눈썹 중간 부분 → 끝부분을 지그시 끝을 향해 눌러준다.

4) 마스카라

[마스카라 바르는 방법]

① 모델의 시선을 무릎을 보게 한 후 양끝을 쳐다보게 한 후 손가락을 눈두덩이 부분에 대고 살짝 끌어 올려준다.
② 눈을 내려 본 상태에서 눈썹 위에서 아래방향으로 3~4회 쓸어준다.
③ 눈을 내려 본 상태에서 아래에서 위를 향해 올려준다.
④ 아래 속눈썹은 좌우로 3~4회 쓸어준 뒤 브러시 끝을 세로로 세워 눈썹결을 따라 바른다.
⑤ 마스카라가 뭉치거나 엉켜있을 경우 속눈썹용 브러시로 한 올, 한 올 풀어준다.

5) 인조 속눈썹(False Eye Lashes)

[속눈썹 붙이는 방법]

① 인조 속눈썹을 길이에 맞추어 자른 후 말굽 모양으로 구부려 탄력 있게 한 뒤 눈꺼풀 곡선에 잘 맞게 한다.
② 아이래시 컬을 한 후 아이라인을 한 번 그린다.
③ 속눈썹에 눈썹 접착제를 바른다.
④ 눈 앞머리에서 5mm 떨어져서 속눈썹과 가깝도록 붙인다.
⑤ 눈꼬리 부분은 아이라인의 형태에 맞추어 붙인다.
⑥ 눈을 반쯤 감은 상태에서 스틱이나 면봉으로 지긋이 눌러준다.
⑦ 접착제 자국이 보이지 않도록 다시 한 번 아이라인을 수정하여 그린다.
⑧ 마스카라를 발라 인조 속눈썹과 속눈썹이 이어지도록 한다.
⑨ 완성된 모습

실습 전/후

1)

2)

실습 전/후

3)

4)

CHAPTER 08

립 메이크업 테크닉

1 립 메이크업의 방법

① 파운데이션과 파우더로 입술을 커버한 후 입술 모양과 색을 정한 후 입술산을 그린다.
② 아랫입술 중앙에 라인을 그린다.
③ 모델에게 "아"하게 해서 양쪽 구각을 그린다.
④ 입술산과 구각에 맞추어 좌우를 연결한다.
⑤ 아랫입술 중앙선과 구각에 맞추어 좌우를 연결한다.
⑥ 브러시에 립스틱을 충분히 묻혀 납작하게 만든 후 브러시와 입술이 수평이 되도록 한 후 입술 전체에 펴 바른다.

2 립 라인에 따른 이미지 변화

① **직선형(Straight Curve)**
활동적이고 현대적인 느낌의 선으로 샤프하고 지적인 느낌을 준다.
② **인커브(In Curve)**
안쪽을 향한 커브로 귀엽고, 발랄하며 여성스러운 이미지를 준다.
③ **아웃커브(Out Curve)**
바깥쪽을 향한 커브로 부드럽고 원만하며 성숙하고 섹시한 이미지를 준다.

실습 전/후

CHAPTER 09

블러셔 메이크업 테크닉

1 블러셔 기본 위치

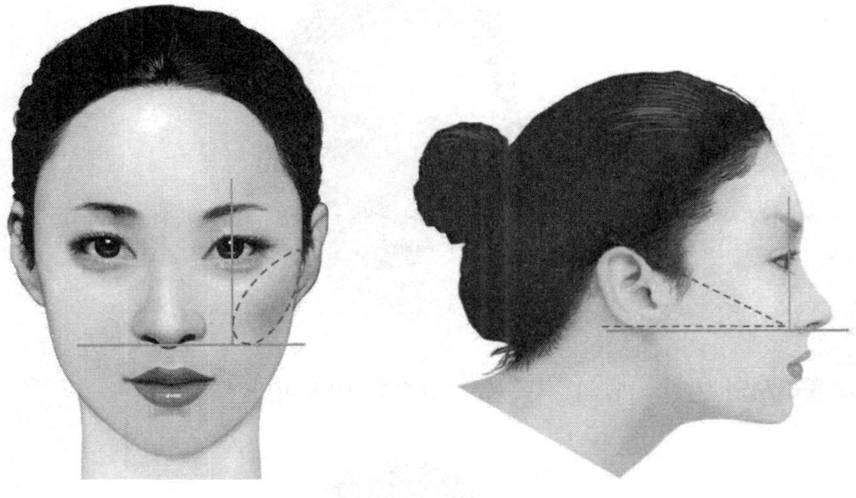

❷ 블러셔의 방향에 따른 이미지 변화

① **블러셔의 방향** : 볼 쪽으로 모양이 둥글수록 큐트한 이미지

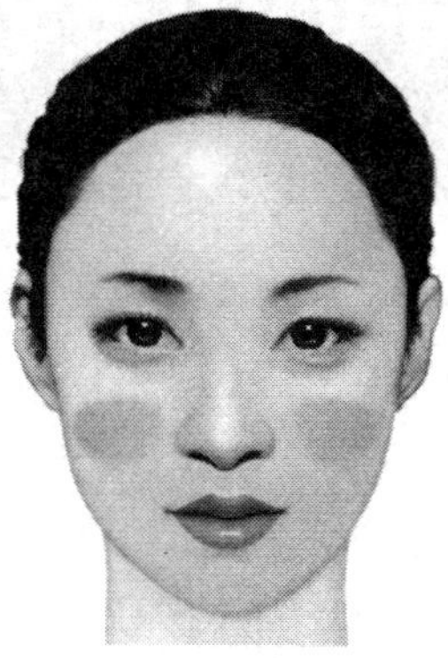

② **블러셔의 방향** : 생기발랄하고 활동적 이미지가 느껴진다.

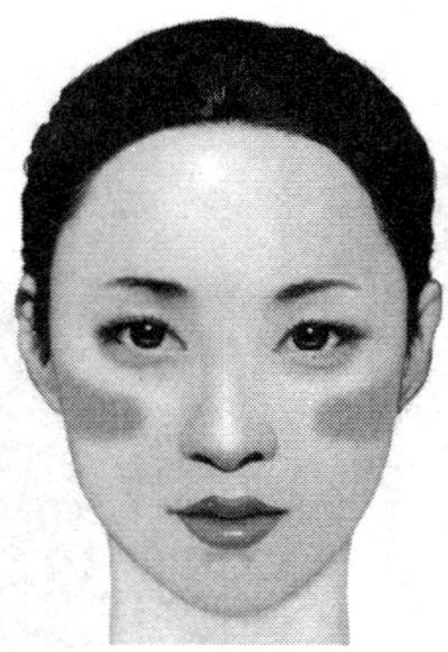

③ **블러셔의 방향** : 빰의 뒤쪽으로 갈수록 여성미가 느껴진다.

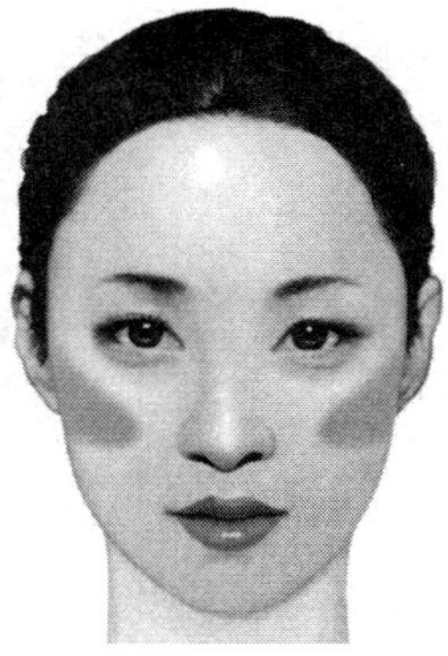

④ **블러셔의 방향** : 샤프하고 지적인 이미지가 느껴진다.

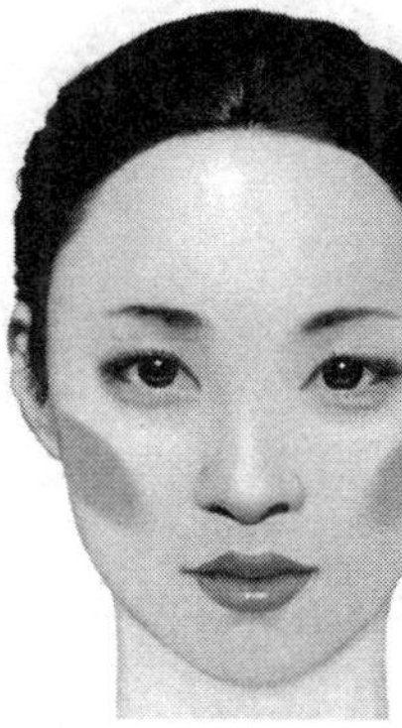

❸ 얼굴형에 따른 블러셔 위치

① **둥근형** : 입 꼬리를 향해서

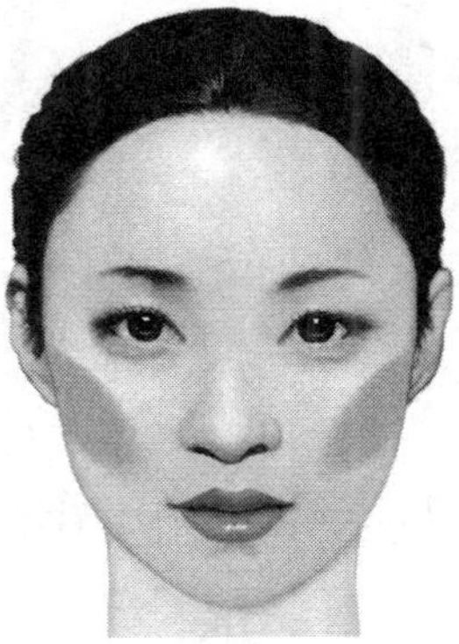

② **긴형** : 눈 앞머리를 향해서

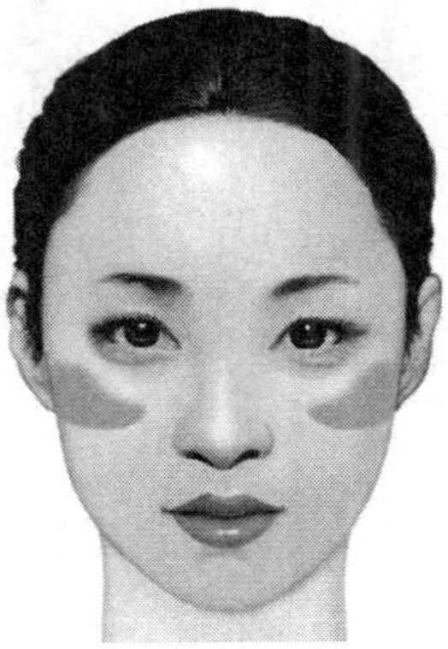

③ **역삼각형** : 코끝을 향해서

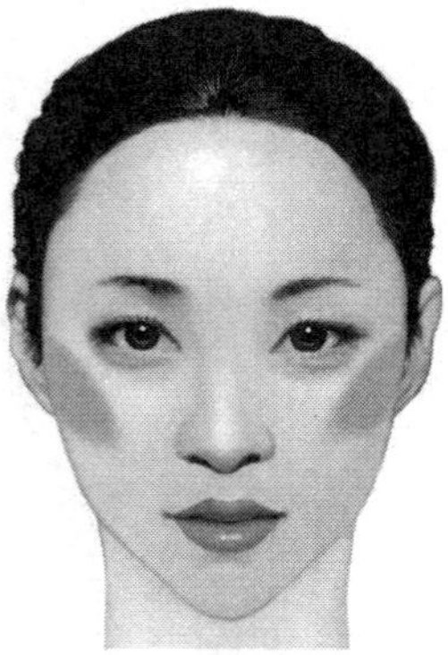

④ **사각형** : 둥근 느낌으로 턱끝을 향해서

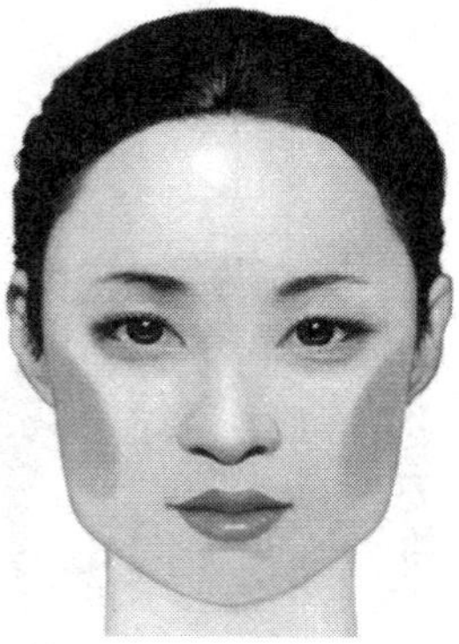

⑤ **다이아몬드형** : 둥근 느낌으로 광대뼈 부위를 감싸듯이

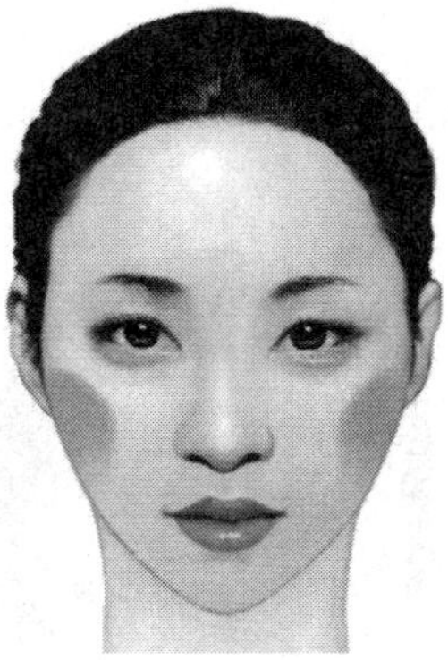

4 립 메이크업과 블러셔 메이크업

① 원하는 립 색상을 전체적으로 펴 바른다.

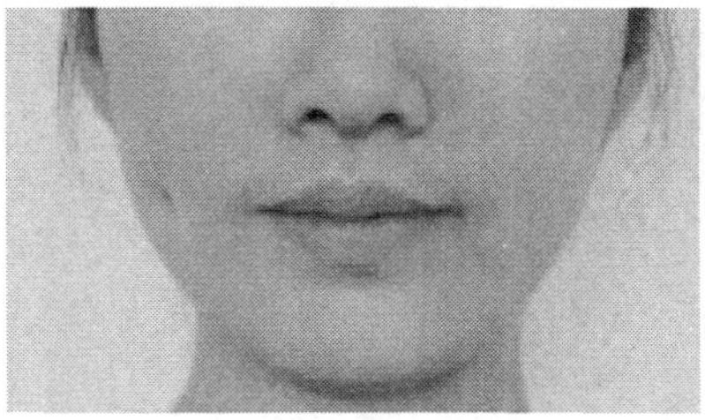

② 입술 안쪽으로 음영을 준다.

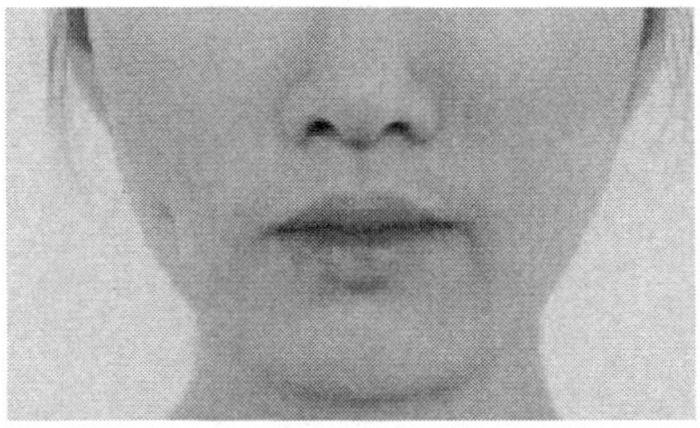

③ 립글로스를 바른다.

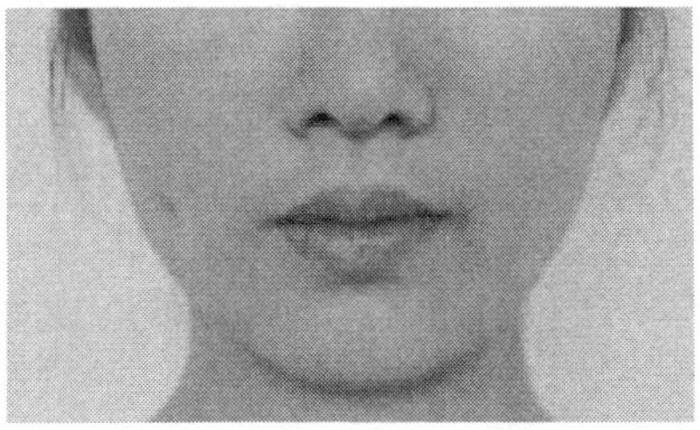

④ 이미지에 맞게 블러셔를 바른다.

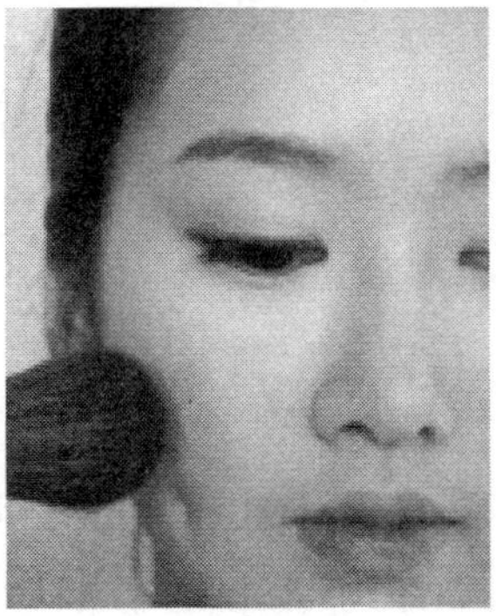

실습 전/후

마무리 스타일링하기 실습

평가기준표

과 목 :

학 번 :

이름 :

작업장 평가기준표(직무수행능력평가 1차)

평가일시	201 년 월 일	학과 :	학번 :	성명 :
교과목	기초메이크업실습	평가자	(인)	
능력단위명	기본 메이크업 (1201010303-14v2)			
능력단위 요소	아이 메이크업하기(1201010303_14v2.3)			

※ 성취(평가) 기준 : 성취수준에 맞는 평가점수를 배점과 환산하여 평가점수 도출

성취수준	수행정도	평가점수
5	해당 지식과 기술을 확실하게 습득하여 직무수행에 필요한 기술적 사고력과 문제 해결력을 토대로 주도적으로 완벽한 작업을 수행할 수 있다.	100%
4	해당 지식과 기술을 습득하여 직무수행에 필요한 기술적 사고력과 문제 해결력을 토대로 작업을 수행할 수 있다.	90%
3	해당 지식과 기술을 대부분 습득하여 직무수행에 필요한 지식과 기술을 가지고 대부분의 작업을 수행할 수 있다.	80%
2	해당 지식과 기술을 부분적으로 습득하여 직무 수행에 필요한 지식과 기술을 가지고 타인과 공동으로 작업을 수행할 수 있다.	70%
1	해당 지식과 기술을 습득하는데 부족함이 있어 타인의 도움을 받아야만 작업을 수행할 수 있다.	60%

평가 기준		배점	교수자 평가		
			성취 수준	배점 환산	점수 환산
아이 메이크업하기 (1201010303_14v2.3)	메이크업목적, 디자인 등을 반영하여 아이섀도우을 표현할 수 있다.	5			
	메이크업목적, 디자인과 조화로운 아이라인을 표현할 수 있다.	15			
	아이 메이크업 디자인과 조화되는 마스카라제품을 활용할 수 있다.	5			
※ 자율평가	속눈썹 표현을 위하여 제품을 가공하여 표현할 수 있다.	5			

완성사진

전(close)	후(open)

작업장 평가기준표(직무수행능력평가 2차)

평가일시	201 년 월 일	학과 : 학번 : 성명 :	
교과목	기초메이크업실습	평가자	(인)
능력단위명	기본 메이크업 (1201010303-14v2)		
능력단위 요소	아이브로우 메이크업하기(1201010303_14v2.4)		

※ 성취(평가) 기준 : 성취수준에 맞는 평가점수를 배점과 환산하여 평가점수 도출

성취수준	수행정도	평가점수
5	해당 지식과 기술을 확실하게 습득하여 직무수행에 필요한 기술적 사고력과 문제 해결력을 토대로 주도적으로 완벽한 작업을 수행할 수 있다.	100%
4	해당 지식과 기술을 습득하여 직무수행에 필요한 기술적 사고력과 문제 해결력을 토대로 작업을 수행할 수 있다.	90%
3	해당 지식과 기술을 대부분 습득하여 직무수행에 필요한 지식과 기술을 가지고 대부분의 작업을 수행할 수 있다.	80%
2	해당 지식과 기술을 부분적으로 습득하여 직무 수행에 필요한 지식과 기술을 가지고 타인과 공동으로 작업을 수행할 수 있다.	70%
1	해당 지식과 기술을 습득하는데 부족함이 있어 타인의 도움을 받아야만 작업을 수행할 수 있다.	60%

평가 기준		배점	교수자 평가		
			성취 수준	배점 환산	점수 환산
아이브로우 메이크업하기 (1201010303_14v2.4)	4.2. 메이크업디자인, 스타일 등에 따른 아이브로우를 표현할 수 있다.	25			
※ 자율평가	• 다양한 아이브로우 표현을 연습하는 태도 • 아이브로우 표현 도구, 재료, 제품을 최상태로 관리하는 태도	5			

완성사진

전(close)	후(open)

포트폴리오 평가기준표(직무수행능력평가 3차)

평가일시	201 년 월 일	학과 : 과			
교과목	기초메이크업	평가자	(인)		
능력단위명	기본 메이크업 (1201010303-14v2)				
능력단위 요소명	베이스 메이크업하기(1201010303_14v2.2) 아이 메이크업하기(1201010303_14v2.3) 아이브로우메이크업하기(1201010303_14v2.4) 립&치크 메이크업하기(1201010303_14v2.5) 마무리 스타일링하기(1201010303_14v2.6)				
구분	평 가 내 용	교수 평가			
		배점	성취 수준	점수 환산	배점 환산
베이스 메이크업하기 (1201010303_14v2.2)	얼굴형태, 피부색 등을 고려하여 자연스러운 피부표현을 할 수 있다.	2			
	얼굴형태, 피부상태에 따른 윤곽 수정, 결점보완의 제품을 사용할 수 있다.	2			
아이 메이크업하기 (1201010303_14v2.3)	메이크업 목적, 디자인 등을 반영하여 아이섀도우을 표현할 수 있다.	2			
	메이크업 목적, 디자인과 조화로운 아이라인을 표현할 수 있다.	2			
	아이 메이크업 디자인과 조화되는 마스카라제품을 활용할 수 있다.	2			
	속눈썹표현을 위하여 제품을 가공하여 표현할 수 있다.	2			
아이브로우 메이크업하기 (1201010303_14v2.4)	눈썹형태, 얼굴형, 디자인 등에 따른 아이브로우 이미지를 구분할 수 있고 메이크업 디자인에 따른 아이브로우를 표현할 수 있다.	2			
립&치크 메이크업하기 (1201010303_14v2.5)	스타일과 조화로운 립&치크 기본 형태를 디자인 할 수 있다.	2			
	메이크업 디자인과 조화되는 제품을 선택하여 립&치크 메이크업을 할 수 있다.	2			
마무리 스타일링하기 (1201010303_14v2.6)	스타일, 표현 이미지와 조화되는 수정보완 메이크업을 실시할 수 있다.	2			
계		20			

직무수행능력평가 고사지

학부명		
학과명		
	학년	반

과목명	기초메이크업실습	
담당교수		
시험일시	201 년 월 일 교시	
수강인원	응 시 자	결 시 자
	명	명
감독교수		
기타사항		

과목명 (코드번호)	출제교수	고사명	과 학년 반				점수	
기초메이크업	㊞	직무수행 능력평가 1차	학번		성명		감독자	㊞

아이 메이크업하기 (1201010303 _03.14v2)	3.1. 재료의 특성에 따른 질감, 발색, 밀착성, 발림성 등을 구분 · 선택할 수 있다.
	3.2. 메이크업 목적, 디자인 등을 반영하여 아이섀도우을 표현할 수 있다.
	3.3. 메이크업 목적, 디자인과 조화로운 아이라인을 표현할 수 있다.
	3.4. 아이 메이크업 디자인과 조화되는 마스카라 제품을 활용할 수 있다.
	3.5. 속눈썹표현을 위하여 제품을 가공하여 표현할 수 있다.

다음 조건에 맞는 아이메이크업을 실시하세요. (위의 주어진 내용대로 과정평가와 완성도를 평가함)

적용 가능한 눈	눈의 처짐, 눈길이 확장
색채계열	붉은 계열
특징	눈꼬리 강조, 눈을 길게 보이게 함, 지적인 이미지로 변화

문제1(실기) 다음 조건에 맞는 방법으로 아이메이크업방법을 선택하고 실시 후 사진을 왼쪽에 첨부하시오.

<table>
<tr><td>과목명
(코드번호)</td><td>출제교수</td><td>고사명</td><td colspan="4">과 학년 반</td><td>점수</td><td></td></tr>
<tr><td>기초메이크업</td><td>㊞</td><td>직무수행
능력평가
2차</td><td>학번</td><td></td><td>성명</td><td></td><td>감독자</td><td>㊞</td></tr>
</table>

아이브로우 메이크업하기 (1201010303_14v2.04)	눈썹형태, 얼굴형, 디자인 등에 따른 아이브로우 이미지를 구분할 수 있다.
	메이크업디자인, 스타일 등에 따른 아이브로우를 표현할 수 있다.
	고객의 자기 관찰을 통한 요구 사항을 분석하여 아이브로우 메이크업을 수정할 수 있다.

다음 주어진 내용대로 아이브로우 메이크업을 실시하세요. (위의 주어진 내용대로 과정평가와 완성도를 평가함)

1. 특징	여성스러운 눈썹
2. 장점	가늘고 곡선, 아치형
3. 단점	살이 많고 둥근 얼굴형은 더욱 강조되어 보일 수 있음

문제1(실기) 다음 조건에 맞는 방법으로 아이브로우 메이크업을하고 전/후 사진을 왼쪽에 첨부하고 실시한 아이브로우 메이크업의 명칭을 쓰시오.

CHAPTER

12 향상/심화교육 계획서

교과목명				교수명	
학과명		학년-학기		분반	
관련직무명		능력단위명 (능력단위코드)			
일시		시간		장소	
과정					
운영 계획					
개요					
교육대상자					
교육 내용					
평가 방법					

참고문헌

오인영 외 3인. make up Design(Basic). 훈민사. 2009

권태순 송미영. Make-up Basic. 훈민사. 2007

박소정 이혜진.Basic Make-up. 훈민사. 2005

김효정 외 3인. 메이크업 디자인. 청구문화사. 2013

오세희. 오세희의 스타일 메이크업. 성안당. 2005

권구정 외 5인. MAKEUP ICON. 청구문화사. 2009

김희숙. 한국과 서양의 화장문화사. 청구문화사. 2000

김옥연 외 7인. NEW 미용문화사. 메디시언. 2013

김지희 외 2인. 20세기 화장문화사. 경춘사. 2006

이윤정 외 2인. MAKEUP IDEA. 청구문화사. 2009

김재영 외 2인 Image Making. 예림. 2012

김민경. 김민경의 실용색채활용. 예림. 2010

김용숙. 컬러심리커뮤니케이션. 일진사. 2008

Beauty & Health 연구회. 메이크업&스타일 백년사. 현문사. 2001

Beauty & Health 연구회. 美 100년사. 현문사. 2001

한국색채학회. COLORIST. 도서출판 국제. 2004

김영란 외 6인. PRPFESSIONAL IMAGE MAKING. 경춘사. 2012

천지연 외 8인. FACES in make-up. 청구문화사. 2009

김유정 외 4인. 메이크업 베이직. 구민사. 2014

여주대 ncs센터 지침자료

참고 사이트

http://cafe.daum.net/milkye00

http://www.ezday.co.kr/bbs

http://blog.naver.com/PostView.

http://www.style.co.kr/magazine

http://stylem.mt.co.kr/styview

http://cafe.daum.net/fashion-20

http://cafe.daum.net/zzangbuddy

저자약력

• **김유정**
여주대학교 뷰티미용과 교수

• **이강미**
여주대학교 뷰티미용과 교수

National Competency Standards **NCS**
http://www.ncs.go.kr
메 이 크 업 직 무 능 력 표 준 학 습 모 듈

기초 **메이크업** 실습서

초 판 인 쇄 | 2016년 6월 10일
초 판 발 행 | 2016년 6월 15일

저 자 | 김유정·이강미
발 행 인 | **조규백**
발 행 처 | 도서출판 **구민사**
(07301)
서울특별시 영등포구 문래로 187, 604(영등포동4가, 동서빌딩)
전 화 | (02) 701-7421(~2)
팩 스 | (02) 3273-9642
홈 페 이 지 | www.kuhminsa.co.kr
등 록 | 제14-29호 (1980년 2월 4일)
I S B N | 979-11-5813-267-5 [13590]
값 | **12,000원**